普通高等教育电工电子基础课程系列教材

模拟电子技术实验与实践指导

第 2 版

主　编　史雪飞
副主编　林　颖
参　编　陈　静　薛　燕

机械工业出版社

本书是"模拟电子技术"课程的配套实验和教学辅导教材。本书分为两部分内容:"模拟电子技术实验"和"模拟电子技术从理论到实践的过渡"。第一部分包含了实验教学体系中的三个层次:基础性实验、随课口袋实验和仿真实验。基础性实验部分通过对基本元件、基本电路的测试,学生可以掌握和巩固常用元件的外特性、重要电路的工作过程,这部分采用了便撕式设计,增强了该教材的实用性;口袋随课实验主要基于核心元件——晶体管和集成运放的应用实例展开,具有个性化开放式的特点;仿真实验通过 Multisim 软件平台对基本应用电路进行辅助分析,拓展了学生的实践空间。第二部分讲解了从理论知识到实践能力的过渡需要解决的几个关键性转换思维和课程中的一些重要概念。

本书可作为高等院校电气专业、电子信息专业、自动化等专业的本科生教材,也可作为有关工程技术人员的参考书。

责任编辑邮箱:.jinacmp@163.com。

图书在版编目(CIP)数据

模拟电子技术实验与实践指导 / 史雪飞主编. —2版. —北京:机械工业出版社,2021.6(2023.1重印)
普通高等教育电工电子基础课程系列教材
ISBN 978-7-111-68437-4

Ⅰ. ①模… Ⅱ. ①史… Ⅲ. ①模拟电路-电子技术-实验-高等学校-教学参考资料 Ⅳ. ①TN710-33

中国版本图书馆 CIP 数据核字(2021)第 110368 号

机械工业出版社(北京市百万庄大街22号　邮政编码100037)
策划编辑:吉　玲　责任编辑:吉　玲
责任校对:张　征　封面设计:张　静
责任印制:郜　敏
北京富资园科技发展有限公司印刷
2023年1月第2版第3次印刷
184mm×260mm · 13 印张 · 304 千字
标准书号:ISBN 978-7-111-68437-4
定价:39.00元

电话服务　　　　　　　　　网络服务
客服电话:010-88361066　　机　工　官　网:www.cmpbook.com
　　　　　010-88379833　　机　工　官　博:weibo.com/cmp1952
　　　　　010-68326294　　金　书　网:www.golden-book.com
封底无防伪标均为盗版　　　机工教育服务网:www.cmpedu.com

第 2 版前言

本书是根据高等学校电气专业、自动化专业、电子信息等相关专业的"模拟电子技术"课程教学大纲而编写的配套实验、实践指导教材。教材的编写依托校级重点教改项目——优化自动化类基础课程群理论内核，强化渗透复合型工程人才素质培养，以及校级面上教改项目——提升学生解决问题能力的模拟电子技术实验教学改革与实践。本书修订的主要目标是适应便携式口袋实验平台的普及，及适应相关实验设备的更新与升级。

由于硬件资源的紧缺，模电课程实践环节的开展成为长期的"软肋"，虽然少数学生通过各种课外科技活动得以弥补，但受益群体十分有限。仿真软件的发展虽然在一定程度上解决了设计的参数调试问题，但是与"真刀真枪"的实际硬件应用还有不可逾越的距离。因此从较高的理论点落到硬件的实践点，完成整个从上到下的"贯通"需要加强和延伸实践环节的实施渠道。随着口袋实验套件逐渐走进高校，充分利用这个便捷的实践平台，在理论教学中对于重要知识点设置随课实验，可以更好地开展探索研究型、应用案例拓展型的实践教学；除了教材中的各种应用电路，可以依托口袋实验平台鼓励学生进行个性化开放式的科技创新项目，做到在实践中让理论知识"落地"。借助口袋实验平台，贯通模电课程理论与实践，使两者良好对接，解决了长期以来硬件资源缺乏导致的"软肋"问题。

与上一版相比，本书具体的变动和调整主要有：①增加了第0章概述，介绍模拟电子技术实验的目的、意义、要求和实验安全操作规程的相关内容；②由于仪器设备的升级，对第1章的示波器、交流毫伏表和万用表的相关介绍进行了修改；③为了更好地培养学生的综合能力，提升难度，将第2章的一些基础性、验证性的实验内容改为设计性内容；④删去了第3章综合性设计实验，增加了随课口袋实验内容，包括口袋实验平台的介绍（硬木课堂易派系列产品）、非线性元件性能的认识、分立元件晶体管的应用和综合性设计应用实例；⑤删去了第6章的内容。

本书的第0章、第1章和附录由林颖执笔，第2章由陈静执笔，林颖做了部分修改，第3章和第5章由史雪飞执笔，第4章由薛燕执笔；史雪飞担任主编，林颖担任副主编，共同负责全书的统稿和定稿工作。

本书的出版得到了教育部"本科教学工程""专业综合改革试点"项目经费以及北京科技大学教材建设基金的资助，在此表示衷心感谢；另外，教材的出版还得到了仪器设备厂商的大力支持，包括是德科技、石家庄数英仪器、口袋实验平台厂家——苏州硬木智能科技有限公司等，其中示波器、信号发生器、交流毫伏表、口袋实验平台的介绍章节主要参考了以上公司提供的产品说明，在此一并表达谢意。

由于编者水平有限，电子技术发展迅速，书中难免存在疏漏和不足之处，恳请和读者，特别是使用本书的教师和学生批评指正，欢迎提出改进意见，具体联系方式 sxf1245@ies.ustb.edu.cn。

编 者

第1版前言

本书是根据高等院校电气、自动化、电子信息等专业的"模拟电子技术"课程教学大纲而编写的配套实验、实践指导教材。教材的编写依托校级重点教改项目——深化电工电子课程群教育教学改革，大力提升学生实践能力和创新意识。电工电子系列课程群包含电路分析基础、模拟电子技术、数字电子技术、微机原理及应用、嵌入式系统等相关课程，其特点是各门课程之间内容融会贯通、层次分明，与实际应用结合十分紧密。然而这些课程难教难学，尤其是模拟电子技术，不仅理论知识纷繁复杂，而且学生从理论到实践的过渡并不顺畅，其中很重要的一个原因是该课程从理论到实践的过渡需要解决几个关键性的思维转换；另外一个制约因素就是硬件电路在很大程度上依赖于实验环境，学生很难在课下自己完成，因此仿真实验和课外科技活动都是很好的拓展环节。如何帮助学生更好地"勾勒"出模拟电子技术课程的核心思想和精髓内容，顺利地从理论过渡到实践，以及对学生进行课外科技活动的指导都是本书在编写过程中紧密围绕的主要内容，也是本书的独特之处。

全书分两大部分，共6章内容，是编者多年的教学经验和积累。第一部分内容是模拟电子技术实验，有4章内容，包含三个层次的实践教学。第1章常用电子仪器的使用；第2章基础性实验，属于验证性实验层次，内容主要涉及对基本元器件和基本电路的测试，了解它们的外特性和工作过程；第3章综合设计性实验，主要基于课程的核心器件——晶体管和集成运放的应用电路展开设计；第4章仿真实验，是利用Multisim软件平台对各种基本应用电路进行辅助分析，拓展了学生的实践空间。第二部分是模拟电子技术从理论到实践的过渡，共2章内容。第5章是从理论到实践过渡需要首先解决的几个关键性思维转换和对重要概念的深入理解，这一章也可作为理论教学的辅导资料，帮助学生更好地掌握模拟电子技术课程的核心思想和本质精髓；第6章是对模拟电子技术实践环节的具体指导，包括对课程核心器件——集成运放从理论分析到实践应用还需要填补的基本专业知识和相关技能，以及电子设计大赛实际竞赛题目的案例分析与指导，这一章可作为电子设计大赛的指导内容，也是提高学生电子技术实践水平的最好途径。

本书的第1章和附录由林颖执笔，第2章由陈静执笔，第3章和第5章由史雪飞执笔，第4章由薛燕执笔，第6章由冯涛执笔；史雪飞担任主编，林颖担任副主编，共同负责全书的统稿和定稿工作。

本书的出版得到了教育部"本科教学工程""专业综合改革试点"项目经费以及北京科技大学教材建设基金的资助，在此表示衷心感谢。

由于编者水平有限，电子技术发展迅速，书中难免存在疏漏和不足之处，恳请读者批评指正，特别是使用该书的教师和学生，欢迎提出改进意见，具体联系方式 sxf1245@ies.ustb.edu.cn。

编 者

目 录

第2版前言
第1版前言
第0章 概述 1
  0.1 模拟电子技术实验的目的和意义 1
  0.2 模拟电子技术实验的要求 1
  0.3 实验安全操作规程 2
  0.4 实验报告的撰写 3
第1章 常用电子仪器的使用 4
  1.1 示波器的使用 4
  1.2 数字信号发生器的使用 19
  1.3 数字交流毫伏表的使用 25
  1.4 万用表的使用 31
第2章 模拟电子技术实验 37
  2.1 晶体管共射极单管放大电路 37
  2.2 射极跟随器的电路特点 45
  2.3 差动放大电路 51
  2.4 集成运算放大器应用（Ⅰ）——比例运算电路 57
  2.5 集成运算放大器应用（Ⅱ）——反相积分电路 65
  2.6 集成运放的非线性应用电路——电压比较器、波形发生电路 73
  2.7 有源滤波电路 81
  2.8 直流稳压电源电路 91
  2.9 互补对称功率放大电路（OCL电路） 99
第3章 随课口袋实验 105
  3.1 口袋实验设备 105
  3.2 口袋实验——非线性元件的性能 118
  3.3 口袋开放式实验——分立元件晶体管应用设计实例 121
  3.4 口袋开放式综合设计实验 129

第4章 模拟电子技术仿真实验 138
  4.1 共射极单管放大电路 138
  4.2 场效应晶体管电路 141
  4.3 多级放大电路 144
  4.4 负反馈放大电路 146
  4.5 差分放大电路 149
  4.6 运放的线性应用（Ⅰ）——比例、加减电路 152
  4.7 运放的线性应用（Ⅱ）——积分、微分电路 156
  4.8 运放的非线性应用——电压比较、滞回比较电路 157
  4.9 波形产生电路 159
  4.10 有源滤波电路 162
  4.11 直流稳压电源电路 164
第5章 模拟电子技术从理论到实践的关键性认识 167
  5.1 线性思维到非线性思维的转换——线性元件和非线性元件 167
  5.2 用二端口网络解析放大电路输入和输出电阻的含义 173
  5.3 深刻理解放大电路的难点——交直流共存 174
  5.4 从精确的理论求解到估算的工程思维 183
  5.5 解惑放大电路的频率特性 186
  5.6 放大电路中的负反馈 190
  5.7 集成运放应用电路整体概念的建立 192
附录 195
  附录A 模拟电子技术基本元器件介绍 195
  附录B 常用模拟集成电路器件介绍 199
参考文献 202

第 0 章 概 述

0.1 模拟电子技术实验的目的和意义

模拟电子技术实验是电子信息类专业重要的实践课程，是对理论教学的深化和补充。模拟电子技术主要介绍半导体器件的基本特性，模拟电路分析和设计的基本理论、方法与技能。它具有很强的工程性和实践性，需要学生从工程的角度去思考和处理问题。模拟电子技术实验的目的就是帮助学生完成从理论到实践的跨越，树立起工程思维。在实验课上，学生在对模拟电子电路进行分析、设计和调试的过程中积累经验，可以切实提高动手能力和独立分析问题、解决问题的能力。实验的过程有助于培养学生严谨、细心、认真的科学作风，培养工程意识，为今后从事电子电路的设计打下扎实的基础。

通过模拟电子技术实验，学生应该掌握示波器、信号发生器、万用表等常用电子仪器的使用；掌握二极管、晶体管、集成运算放大器等常用电子元器件的特性和使用注意事项；能完成电子电路基本参数的测量，比如电路的输入电阻、输出电阻、电压放大倍数和频率响应等；能设计、搭建和调试模拟电子电路；能运用所学知识发现、分析并解决实际电路中的问题。

0.2 模拟电子技术实验的要求

实验课一般包括三个环节：实验预习、实验操作和实验总结。这三个环节相辅相成，是有机的整体。

0.2.1 实验预习

实验预习的好坏决定了学生在每次实验操作中的学习状态，是在漫无目的地机械操作，还是在有针对性地深入研究，这些都直接影响实验的进程，并最终导致不同的实验教学效果。因此学生进入实验室前应做好充分的准备，必须注意以下几点：

（1）明确实验目的。

（2）阅读实验教材和相关的理论课教材，搞清实验原理，分析总结实验电路涉及的理论知识，完成相应理论值的计算。如果是设计性的实验，还需提前完成实验电路的仿真与设计。

（3）根据实验目的和实验电路，制定实验方案和步骤，明确主要参数的测量方法，选择好测量仪器，准备好要用的元器件。

（4）写出符合要求的实验预习报告。

0.2.2 实验操作

学生上课，须提前十分钟到实验室，做好各项准备工作。在实验过程中应集中精力，独立进行实验操作。在观测实验现象和记录测量数据时要有严谨求实的科学态度与作风。

模拟电子技术实验过程中主要的工作就是使用仪器对模拟电子电路进行调试和测量。在电路的连线过程中，须观察电路的特征以及元器件串并联的关系，走线要合理简洁。连线时要有一定的顺序，一般从信号输入级开始逐渐连接到输出级，用线越少越好，且要保证连线准确可靠。

在电路调试过程中，难免会遇见困难碰到障碍，此时要有耐心，需保持冷静、细心观察、仔细分析，能与所学理论相联系，从信号的输入端开始直到信号输出端，逐一测试、排查、确定故障点。应合理使用万用表、示波器等仪器设备对电路进行检测，以便快速确定故障点。在电路设计正确的前提下，模拟电子技术实验中常见的故障如下：

(1) 电路连错线。
(2) 线连对了，但并不导通，这可能是导线接触不好。
(3) 元器件损坏，比如二极管、晶体管、运算放大器、电阻、电容等可能坏了。
(4) 元器件引脚判断错误，比如晶体管 C、E 用错，二极管 P、N 反了，集成运算放大器引脚用错。
(5) 元器件参数用错。
(6) 电路或者集成运算放大器未能正常供电。
(7) 仪器使用错误，比如信号发生器使用错误，导致电路输入信号错；示波器使用不当，导致看不到波形，等等。

在测量和记录实验数据时，要注意数据的有效位数及数据的物理量单位。对于数字显示仪表，其显示位数直接代表了数据的精度，不可随意删减小数点后最末位的 0。以数字万用表测电压为例，如果万用表显示 1.390V，则需记录 1.390V，而不是 1.39V。记录实验数据时要进行思考，而不是简单机械地抄录，需与所学理论相联系，与计算好的理论值进行比对，考虑数据是否正常、是否在误差范围内。在遇到明显不正常的数据时，需考虑电路故障、仪器故障；如果是设计性的实验，则可能是电路设计不合理。

0.2.3 实验总结

实验结束后，还需完成以下工作：

(1) 及时分析和处理实验数据，主要包括根据实验测量数据总结相关的理论、误差的计算和处理、一些特性曲线的绘制等。
(2) 总结实验操作经验，总结实验中遇见的问题及相应的解决方法，并分析出现问题的原因。
(3) 根据要求撰写实验报告。

0.3 实验安全操作规程

实验安全是重中之重，完成模拟电子技术实验的过程中，学生应遵循的基本原则是：在注意人身安全、仪器使用要求的前提下，胆大心细地操作。具体而言，还需要注意以下几点：

(1) 了解实验室的布局及其在楼宇中的位置。了解实验室所在楼宇的安全设施和安全撤离路线。了解实验室危化品的种类，学习其相应的管理规定。

（2）实验室所有的仪器设备应遵照其使用说明书的要求进行操作使用。

（3）不允许在实验室的实验区域内打闹、饮水、进食。

（4）实验过程中，学生必须注意安全操作，不得用手触及任何裸露的金属带电部位，且务必遵守：<u>先接线后通电，先断电后拆线</u>。实验线路连接好后，应先检查，无误后方可通电进行实验。

（5）实验进行时如发生异常情况，比如听到仪器报警声、闻到焦糊的气味、元器件烧坏冒烟等，应立即关掉电源，报告指导教师，不得擅自处理，避免发生事故。

（6）学生不能随便拆卸实验室设备，不能把实验室设备随意带出实验室。

（7）实验结束后，学生应将实验数据提交指导教师检查，合格后，拆除实验线路，整理实验台，将仪器设备关机复位并摆放整齐，方可离开实验室。

0.4 实验报告的撰写

实验报告的撰写是学生对实验过程的复盘，根据实验观测到的现象及测量的结果进一步梳理相关的理论、原理，整理、分析及处理实验数据，总结操作经验以及遇到的困难和问题，是一个总结性的学习提高过程，是实验课不可缺少的一部分。目前广泛开展的工程认证，其毕业指标点也明确要求学生能够用图纸、报告或实物等形式来呈现设计成果。

实验报告要求做到简明扼要、图表清晰、书写规范、内容完整。一份实验报告格式要求如下：

学院：　　　　班级：　　　　姓名：　　　　学号：　　　　组号：

实验日期：＿＿＿＿年＿＿＿＿月＿＿＿＿日

一、实验名称：

二、实验目的：

三、实验仪器：

四、实验原理：

五、实验内容与步骤：

六、实验数据及分析：

七、实验总结与建议：

第1章 常用电子仪器的使用

1.1 示波器的使用

1.1.1 实验目的

1. 了解示波器的工作原理。
2. 初步掌握示波器的正确使用方法。

1.1.2 示波器的基本原理

示波器是一种用途十分广泛的电子测量仪器。它能把电信号变换成看得见的图像，便于人们研究电信号的变化过程。利用示波器能观察各种不同信号幅度随时间变化的波形曲线，还可以用它测试各种不同的电量，如电压、电流、频率、相位差、幅度等。

数字示波器的基本结构如图 1-1 所示。被测信号（Y 轴输入）可选择 AC 耦合或者 DC 耦合方式进入示波器，由放大器放大或者衰减器衰减后，经模/数转换后变为数字信号，对采集的信号数据进行存储，再将存储的数据取出进行内插、分析、测量，波形重建后显示在屏幕上。而触发比较器电路则是对上述信号的采集过程进行控制，通过设置一定的条件，以便示波器及时捕获满足条件的波形。

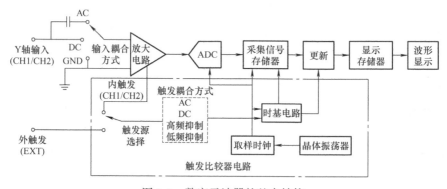

图 1-1 数字示波器的基本结构

1. 时基

时基即时间基线。示波器屏幕显示被测信号随时间变化的波形，其 Y 轴方向是信号的幅度，X 轴方向则是时间。示波器内部产生代表时间的时基信号，控制被测信号在 X 轴方向显示的位置。如果只有垂直电压信号，没有时基信号，则波形无法展开，在显示屏上只能看到一条垂直线。

2. 垂直输入通道的耦合方式

垂直输入通道的耦合是指所测试的信号进入示波器的垂直放大电路的方式。可通过设置通道耦合方式来滤除被测信号中不需要的成分。垂直输入通道的耦合方式主要有 DC 耦合和

AC 耦合，需根据观测的要求选择合适的方式。

DC 耦合：直接耦合，Y 轴输入信号直接输入至垂直放大电路，故信号中的直流成分和交流成分均能保留，可观察到信号的全波形，包括直流分量。

AC 耦合：交流耦合，Y 轴输入信号通过电容耦合的方式输入到垂直放大电路中，由于电容的隔直作用，信号中的直流成分将被滤掉，因此只可观察到信号的交流分量。

3. 触发

触发是示波器中一个重要的概念，即：按照需求设置一定的条件，当波形流中的某一个波形满足这一条件时，示波器及时捕获该波形和其相邻的部分，并将其显示在屏幕上。它决定了时基信号扫描的起点时刻，保证波形的稳定显示。当触发设置不当时，显示的波形会在水平方向不断移动甚至混乱。

数字示波器在工作时，不论仪器是否稳定触发，总是在不断地采集波形，但只有稳定的触发才有稳定的显示。数字示波器的触发控件确定示波器如何触发以捕获数据，保证每次时基扫描或采集都从输入信号满足用户定义的触发条件时开始，这样每一次扫描和数据采集都能同步，当信号为周期性信号时，捕获的波形相重叠，从而显示稳定的波形。触发设置应根据输入信号的特征进行，用户应该对被测信号有所了解，才能快速捕获所需波形。

(1) 触发源的设置

触发信号源，简称触发源，其选择的原则是让触发信号与被测信号相关，以保证显示屏显示波形稳定。触发信号的来源一般有以下三个选择。

内触发（INT）：触发信号来自垂直输入通道被测信号本身，如模拟通道 1 或者通道 2。此时触发源选择的原则是：1）在单路观测时，选被测信号作为触发信号；2）在观测两路同频率的信号时，选信号幅度大的那路为触发信号；3）在观测有整数倍频率关系的信号时，选低频的那路为触发信号。内触发是最常用的一种触发方式。

电源触发（LINE）：触发信号来自市电，即 50Hz 交流电源信号。其用于测量与交流电源频率相关的信号。

外触发（EXT）：示波器外部的信号作为触发信号，示波器面板上的 EXT TRIG 就是外部触发源进入示波器的通道。

(2) 触发耦合方式

触发耦合的作用主要是用来去除触发电路中的干扰与噪声，决定信号的哪种分量被传送到触发模块，避免误触发。特别要注意与"输入通道耦合"进行区别，且触发耦合和输入通道耦合无关。

DC 耦合：直接耦合，是一种信号直接耦合的方式，允许直流和交流成分通过触发路径。

AC 耦合：交流耦合，是一种通过电容耦合的方式，阻挡直流成分，允许交流成分通过。

LF REJ：低频抑制耦合，触发信号经过高通滤波器加到触发电路，因而抑制某个频率以下的低频成分。

HF REJ：高频抑制耦合，触发信号经过低通滤波器加到触发电路，因而抑制某个频率以上的高频成分。

TV：全电视信号触发。从输入视频信号中分离出水平和垂直同步信号，用它们触发示波器。

应根据测量的需求合理选择触发耦合方式，最常用的是 DC 耦合和 AC 耦合。一般触发耦合和输入通道耦合要设置一致，比如输入通道耦合设置为 AC 耦合，那么触发耦合也选择为 AC 耦合。但是当信号中包含高频干扰或者低频干扰（如 50Hz 工频干扰）使示波器不能稳定触发时，可以分别采用触发里的 HF REJ 高频抑制功能和 LF REJ 低频抑制功能。

（3）触发方式

Auto（自动）：在该触发方式下，如果未搜索到指定的触发条件，示波器将强制进行触发和采集以显示波形。Auto 是最常用的触发方式，该触发方式适用于未知信号电平或需要显示直流信号时，以及触发条件经常发生不需要进行强制触发时。

Normal（正常）：在该触发方式下，仅在搜索到指定的触发条件时，示波器才进行触发和采集。该触发方式适用于低重复率信号、仅需要采集由触发设置指定的特定事件时，以及为获得稳定显示需防止示波器自动触发时。

Single（单次）：在该触发方式下，仅在搜索到指定的触发条件时，示波器才进行一次触发和采集，然后停止。该触发方式是针对非重复信号或单次瞬变信号的，即适用于仅需要单次采集特定事件并对采集结果进行分析的情况下。

Force（强制）：在"正常"触发模式下，如果未进行任何触发，可以强制触发以采集并显示波形。

这几种触发方式要注意区别。Auto 方式在不满足触发条件时也进行信号的采集和显示，所以在对未知信号观察时，先选择此方式来捕捉信号，然后根据信号的情况再设置合适的触发方式、触发电平以获得稳定的观测效果。Normal 和 Single 方式，它们的共同点是在不满足触发条件时，示波器不进行信号的采集，所以如果触发条件设置不合适，将观察不到信号。它们的不同点是 Single 方式只在满足触发条件时采集一次数据，而 Normal 方式只要满足触发条件就采集数据，故可多次触发和采集。

（4）触发电平和触发极性

触发电平（Level）是阈值电平，在触发信号达到设置的触发电平时才能实现触发。因此需调整触发电平的大小，使其落在触发信号的幅度范围内。如图 1-2 所示，当触发条件不具备时，信号无法稳定显示；只有触发条件具备时，才可获得稳定的观测信号。因此触发电平的调整就显得尤为重要。

触发极性（Slope），也称触发斜率，可设置为触发信号的上升沿触发或者下降沿触发。当选择上升沿触发时，在触发信号上升的过程中，与触发电平相等的时刻，实现触发，如图 1-2b 所示。触发极性和触发电平共同决定触发信号的触发点。

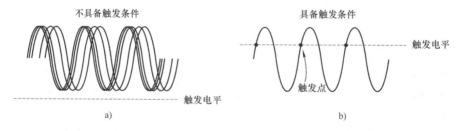

图 1-2 触发条件示意图

1.1.3 数字示波器的性能及操作方法

1. DSOX1102G 数字示波器的性能

DSOX1102G 数字示波器具有 2 个模拟量输入通道，1 个数字量输入通道，带宽 70MHz，最大采样率为 2GSa/s，存储深度达 1Mpts，高达 50000 个波形/秒的波形捕获率可以查看更详细的信号细节，同时内置函数发生器、数字电压表、频率计数器和频率响应分析仪，内置帮助，用户界面简单、直观。其具体技术参数见表 1-1。

表 1-1　DSOX1102G 技术指标

序号	技术指标名称	技术指标
1	带宽	70MHz
2	最大采样率	2GSa/s
3	存储深度	1Mpts
4	输入灵敏度范围	500μV/格 ~ 10V/格
5	时基精度	50×10^{-6}/年 ± 5×10^{-6}/年（老化率）
6	时基范围	5ns/格 ~ 50s/格
7	垂直分辨力	8 位
8	波形捕获率	50000 个波形/秒
9	内置函数发生器	内置 20MHz 函数发生器及调制功能。可提供正弦波、方波、斜波、脉冲、直流和噪声波形到被测器件的激励输出。利用可定制的 AM、FM 和 FSK 设置向信号添加调制
10	分段存储功能	最大分段数 = 50 重新准备时间 = 1μs（触发事件之间的最小时间间隔）
11	基于硬件的串行协议解码和触发	可支持 I^2C、SPI、UART/RS232、CAN、LIN（汽车）协议分析
12	数字电压表和频率计数器	具备集成的 3 位电压表（DVM）和 5 位频率计数器
13	频率响应分析仪	具备频率响应分析仪——伯德图功能

2. DSOX1102G 数字示波器前面板

DSOX1102G 数字示波器前面板如图 1-3 所示。示波器左侧为显示屏，显示屏右侧是 6 个菜单软键。示波器右侧是按键和旋钮区，主要有水平和垂直控件区域、运行控制键、触发控件区域、测量控件区域及工具键区域等。常用按键和旋钮的功能见表 1-2。

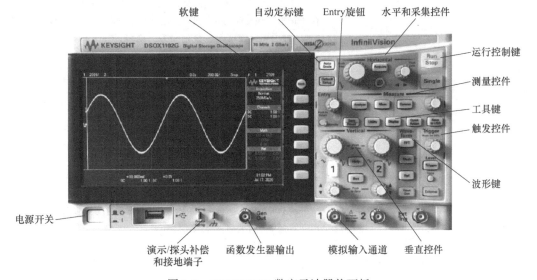

图 1-3　DSOX1102G 数字示波器前面板

表1-2 常用按键和旋钮的功能

项目		功能
基本按键与旋钮	软键	这些键的功能会根据显示屏右侧键旁边显示的菜单有所改变。按"back"键可返回上一级软键菜单 在软键菜单层次的最高一层,"back"将关闭菜单,改为显示示波器信息
	Entry 旋钮	Entry 旋钮用于从菜单中选择菜单项或更改值。Entry 旋钮的功能随着当前菜单和软键选择而变化 当 Entry 旋钮符号显示在软键上时,就可以使用 Entry 旋钮选择值了。有时可以按下 Entry 旋钮启用或禁用选择 另外,按下 Entry 旋钮还可以使弹出菜单消失
	"Auto Scale"自动定标键	按下此键时,示波器将快速确定哪个通道有活动,打开该通道并对其进行定标,实现对输入信号的最佳显示
水平控件	"水平时基"旋钮	旋转"Horizontal"区中标记⋀⋁的旋钮可调整时间/格(T/DIV)设置 按下该旋钮可以在微调和粗调之间切换
	"水平位置"旋钮	旋转标记◀▶的旋钮可水平平移波形数据
触发控件	"Level"电平旋钮	旋转该旋钮可调整选定模拟通道的触发电平 按下该旋钮可将电平设置为波形值的50%。如果使用 AC 耦合,按下该旋钮会将触发电平设置为0V 如果模拟通道已打开,该模拟通道触发电平的位置由显示屏最左侧的触发电平图标T▶指示,而触发电平的值显示在显示屏的右上角
	"Trigger"触发键	按下此键可选择触发类型(边沿、脉冲宽度、视频等)。也可以设置会影响所有触发类型的选项(触发模式、耦合、抑制、释抑)
	"Force"强制键	按下此键,在任意条件下,能引起触发并显示采集 在"正常"触发模式下,只有满足触发条件时才会进行采集。如果在"正常"模式中,没有发生任何触发,则可以按[Force]以强制进行触发
垂直控件	模拟通道开/关键	每个模拟通道都有一个通道开/关键,以数字"1"和"2"表示。使用这些键可打开或关闭输入通道,或访问软键中的通道菜单
	"垂直灵敏度"旋钮	CH1 和 CH2 分别有自己的"垂直灵敏度"旋钮,标记为⋀⋁,使用这些旋钮可更改每个模拟通道的垂直灵敏度(V/DIV)。按下通道的"垂直灵敏度"旋钮可在微调和粗调之间切换
	"垂直位置"旋钮	使用这些旋钮可更改显示屏上通道波形的垂直位置
测量控件	"Meas"测量键	按下该键可访问一组预定义的测量,并将测量结果显示在屏幕上,比如周期、频率、有效值和峰-峰值等
	"Cursors"光标键	按下该键可打开菜单,以便选择光标模式和源,对电压和时间进行手动测量

第 1 章 常用电子仪器的使用 9

(续)

项目		功能
运行控制键	"Run/Stop" 运行/停止键	此键在运行和停止之间切换。当它是绿色时,表示示波器正在运行,即符合触发条件,正在采集数据。当它是红色时,表示数据采集已停止
	"Single"(单次)	要捕获并显示单次采集时,无论示波器是运行还是停止,可按下此键

3. DSOX1102G 数字示波器的屏幕显示说明

示波器显示内容包含采集的波形、设置信息、测量结果和软键定义,具体参见图 1-4。

- 最顶端的状态行,显示两个模拟通道的垂直灵敏度、水平时基、触发类型、触发源及触发电平值。在人工读取波形的幅度和周期时,要从此处读取该通道的垂直灵敏度和水平时基。尤其要注意的是,CH1 和 CH2 两个通道的垂直灵敏度可能并不相同。

- 左侧显示触发电平位置和接"地"电平的位置。CH1 和 CH2 两个通道的接"地"电平的位置可分别设置,不一定重合。在人工计算波形的峰值时,要注意观察波峰和接"地"电平的关系,读取其垂直距离,不要想当然地认为显示屏的正中就是"地"电平。

- 中间显示采集的波形,每个模拟通道以不同的颜色显示。

- 最下方是测量区域。如果打开测量或光标,此区域将包含自动测量和光标结果。如果关闭测量,此区域将显示描述通道偏移的附加状态信息,以及其他配置参数。

- 右侧是软键标签和信息区域。当按下大多数前面板键时,此区域中将显示简短的菜单名称和软键标签。这些标签描述软键功能。通常,使用这些软键可以设置选定模式或菜单的其他参数。按"返回"键将返回上一级菜单,直到软键标签消失,之后将显示如图 1-4 右侧所示的信息区域,包含两通道的基本设置:耦合方式、探头比率。

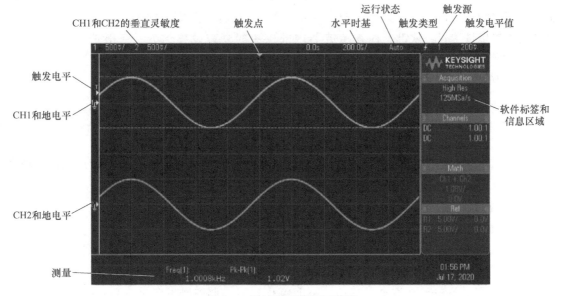

图 1-4 示波器屏幕显示信息

4. 数字示波器的基本操作步骤

观察被测信号时,需要对示波器上的旋钮和按键进行操作,以便能显示大小合适的稳定波形。基本的操作步骤如下:

(1) 打开仪器电源开关,等待示波器自检完成后,便可进行信号的观测。按水平和垂直的位置旋钮,将其复位至零点。

(2) 检查测试线探棒上的探头设置衰减切换开关,一般选"×1"档。示波器测试线探棒如图1-5所示,探棒上有一个衰减切换开关,可在"×1"和"×10"之间切换。如果选择"×10"档,输入信号将衰减10倍,比如被测信号的幅度是1V,则会减小为0.1V送至示波器内部。

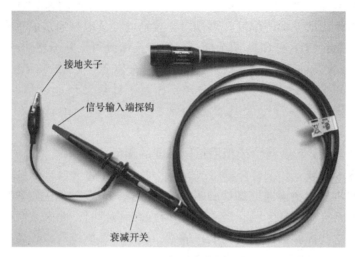

图1-5 示波器测试线探棒

(3) 从探头输入被测信号,按下所接输入通道数字键"1"或者"2",打开被测信号的输入通道进行相应设置。选择垂直输入通道的耦合方式:AC耦合或DC耦合。并在显示屏右侧的菜单里按Probe软键,检查示波器内部探头的衰减设置倍数,一般选1:1。如果在(2)步中测试线探棒上的探头设置成了"×10"档,即信号衰减10倍,则此处衰减设置倍数可选为10:1,即将读数放大10倍,就可直接获得被测信号的真实读数。

(4) 按示波器面板上的"Trigger"键,设置触发。

按Trigger Type触发类型软键进行下列设置。

1) 设置触发类型(Trigger Type):一般为边沿触发(Edge)。

2) 设置触发源(Source):一般设被观测信号输入通道为触发源。比如被观测信号接在了示波器输入通道CH1,则触发源选择CH1。

3) 设置触发斜率(Slope):一般为上升沿触发。

按Mode模式软键进行设置,观测未知信号时,一般选择Auto。

(5) 人工调整水平时基和垂直灵敏度旋钮,数值要合适,波形在屏幕上不要太密也不要太小,与被观测波形的幅值和周期要匹配。一般一屏显示1.5~2个周期的波形为宜。

(6) 当波形不稳定(波水平移动,不能停止)时,调整触发电平(Level)旋钮,直至波形稳定位置。触发电平数值必须在被测信号的幅值范围内,才能正常触发。

上述为人工手动设置，也可使用"Auto Scale"自动定标键实现示波器的自动配置，示波器会根据输入信号的特点，自动设置并显示波形。但需注意，此时输入通道耦合方式会自动设为"DC"耦合。

5. 数字示波器的高级使用

DSOX1102G 示波器，可选择使用"Cursors"光标键并配合其右侧的光标旋钮进行测量，也可使用"Meas"测量键进行自动测量，还可使用"Analyze"分析键实现频率响应分析，这 3 个按键位于示波器右侧的 Measure 区域里，如图 1-6 所示。

图 1-6　Measure 区域

（1）光标

光标是水平和垂直的标记，表示所选波形源上的 X 轴值和 Y 轴值。可以使用光标在示波器信号上进行自定义电压测量、时间测量、相位测量或比例测量。光标测量结果显示在屏幕下方的测量信息区域中。

按"Cursors"光标键可调出光标菜单进行设置以完成测量，如图 1-7 所示。可选择手动模式，选要测量信号的输入通道，选择是 X 光标还是 Y 光标。选好后，可旋转光标旋钮调整光标线位置，实现 X 轴方向或者是 Y 轴方向的测量。X 光标是水平调整的垂直虚线，通过测量 X1 和 X2 两根标线之间的水平距离，可以实现对时间（s）、频率（1/s）、相位（°）和比例（%）的测量。图 1-7 中 X1 和 X2 标线之间是信号的周期，其测量结果 ΔX：1.002ms 显示在屏幕下方。相应的 Y 光标是垂直调整的水平虚线，同理也有 Y1 和 Y2 两根标线，可以用于测量电压值或用于测量比例（%）。

光标使用中特别需要注意的是选择测量信号的输入通道，尤其是垂直方向的测量，两个通道的垂直灵敏度可能是不同的。

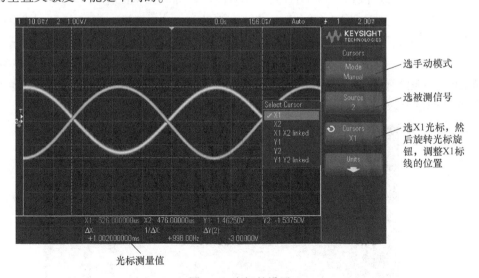

图 1-7　光标的设置

（2）测量

使用"Meas"测量键可调出测量菜单，显示在屏幕右侧，如图 1-8 所示，通过设置可以对波形进行自动测量，并将最新测量的结果显示在屏幕底部的测量信息区域中。测量前要先选择被测量信号的通道，再选测量的类型，可进行有效值、峰-峰值、最大值、最小值等电压测量，也可进行周期、频率、占空比等时间测量。

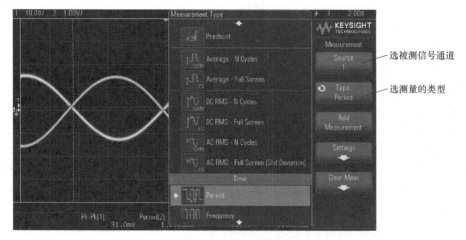

图 1-8　测量的设置

（3）频率响应分析

DSOX1102G 示波器需要使用其内置的函数发生器来实现频率响应分析（FRA，Frequency Response Analysis）功能。在使用频率响应分析时，示波器控制内置函数发生器产生在设定频率范围内的扫描正弦波，同时测量被测设备（DUT，Device Under Test）中的输入信号和输出信号。在每个频率点上都会测量增益（A）和相位，并绘制在频率响应伯德图上，如图 1-9 所示。当频率响应分析完成时，可以在图表上移动标记，以查看在各个频率点测量的增益和相位值，还可以针对增益和相位图来调整图的定标和偏移设置。

要启动频率响应分析功能，需按下示波器右侧的 Measure 区域的"Analyze（分析）"按键调出菜单，在示波器屏幕右侧的软键中进行操作。如图 1-9 所示，先在"Features"选中 FRA，再在"Setup（设置）"里对其进行设置，具体设置如表 1-3 所示进行，最后按下"Run Analysis（运行分析）"。单管共射极放大电路的频率响应如图 1-9 所示，可见为带通特性，低频段和高频段放大倍数衰减。

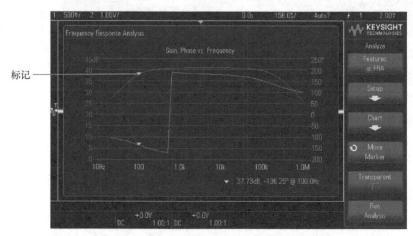

图 1-9　单管共射极放大电路的频率响应曲线

表 1-3　频率响应分析功能的基本设置

步骤	功能	软键位置（请参阅内置帮助获取更多信息）
1	设置被测设备 DUT 输入电压和输出电压的通道	在"Input V"里选择被测设备输入信号所接的示波器的通道 在"Output V"里选择被测设备输出信号所接的示波器的通道
2	设置频率扫描最小值和最大值	在"Min Freq"，使用 Entry 旋钮设置扫描频率最小值 在"Max Freq"，使用 Entry 旋钮设置扫描频率最大值
3	设置函数发生器幅度	在"Amplitude"，使用 Entry 旋钮设置函数发生器幅度
4	设置预期的输出负载	在"Output load"设置输出负载（50Ω、高阻抗），一般选择高阻抗

1.1.4　实验内容和步骤

1. 信号电压和周期的基本测量方法

将被测信号波形在屏幕上显示出来，一般调整波形峰-峰值占显示屏的 1/2~2/3 高度，X 轴方向显示 1.5~2 个周期为好。具体操作步骤如下：

调整 Y 轴灵敏度旋钮。根据被测信号的大约峰-峰值，将其置于适当的档级，这类似于测试仪表中的量程选择，不过这里"V/DIV"为屏幕上标尺 Y 轴向每一大格所代表的电压值。例如，如果输入正弦波的峰-峰值为 2V，想在屏幕上 Y 轴显示占 4 格，则 2V 除以 4 格，选用 0.5V/DIV 的档位。注意：在输入耦合方式取 DC 挡时，波形的交直流分量都能显示，故还要考虑叠加的直流电压值。

为了能观测到波形，Y 轴灵敏度旋钮一定要合适。如果 Y 轴灵敏度档位相对于波形峰-峰值太小，则在屏幕上显示的波形太大，只能显示波形的一部分，无法看见完整的波形。如果 Y 轴灵敏度档位相对于波形峰-峰值太大，则在屏幕上显示的波形趋向于一条直线，无法看见波形变化。

调整 X 轴时基旋钮。根据被测信号大约的周期值，将其置于适当档级。"T/DIV"指示为屏幕上标尺 X 轴向每一大格所代表的时间值。例如，输入信号的频率为 1kHz，一个周期为 1ms，如要在屏幕上占 5 格，则 1ms 除以 5 格，选用 0.2ms/DIV。

某个方波显示如图 1-10 所示；读信号在 Y 轴方向的格数为 A，乘以 Y 轴灵敏度，计算信号的幅值为：$U_{p\text{-}p}$（峰−峰值）= A 格 × Y 轴灵敏度（V/DIV）；读信号在 X 轴方向的格数为 B，乘以时基，计算信号的周期为：T（周期）= B 格 × 时基（T/DIV），频率为：f（频率）= $1/T$。

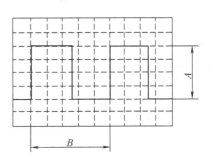

图 1-10　信号的测量

2. 熟悉数字示波器

仔细观察示波器的前面板，记住其划分的功能区域，初步了解各区域里旋钮、按键的名字及功能。数字示波器面板上的各种旋钮和按键，对其进行操作的基本手法如下。

（1）按键。各种按键最基本的操作就是"按"一下，以调出其对应功能。

（2）旋钮。数字示波器的旋钮，对其进行的操作一般有两种，即"旋转"和"按"。旋转旋钮能获得该旋钮的各个参数。比如旋转"水平时基"旋钮，可调整 T/DIV 设置，能获得不同的时基值。按任何一个旋钮，还有其定义的特殊功能，一般会标在示波器的面板上。比如按"水平时基"旋钮，时基调整可以在微调和粗调之间切换。

（3）"长按"任何一个软键、按键和旋钮，其联机帮助信息将显示在示波器屏幕上，阅读此信息将有助于你了解其功能。要关闭帮助信息，按其他键或旋转旋钮即可。

3. 练习用示波器观测"Demo"信号

"Demo"信号是 DSOX1102G 示波器自带的演示信号，其输出位于示波器屏幕下方，是一个频率为 1kHz 的方波。通过观察此波形，初步掌握示波器的操作，理解垂直输入通道 AC 耦合与 DC 耦合的区别，掌握触发概念，知道如何设置触发类型。具体内容如下：

（1）选择 CH1 通道输入"Demo"信号，Y 轴耦合方式设为"DC"。

（2）将"Demo"信号的波形测量数值记录在表 1-4 中，并将波形画在坐标图 1-11 中，输入通道的耦合方式为"DC"，波形画 1.5 个周期。

（3）将输入通道的耦合方式改为"AC"，观测波形发生的变化，并将波形画在坐标图 1-12 中，波形画 1.5 个周期。

波形绘制时应注意观察示波器输入通道"地"电平的位置，以及波形与"地"的关系。

4. 仪器复位

测量完毕后，关闭仪器电源。测试线不必拆下，为避免电磁波干扰信号进入，可将测量探头的挂钩与"地"夹子短接。

1.1.5 实验总结报告分析提示

整理实验数据。总结示波器使用时出现的问题及解决方法。

思考题：当用示波器观测"Demo"波形时，输入通道耦合方式选"DC"档与"AC"档时，波形有什么不同？为什么不同？

提示：在一般电工测量中，当测量交流电压时，可任意互换电极而不影响测量读数。但在电子电路中，由于工作频率和电路阻抗较高，故功率较低。为避免外界干扰信号，多数电子仪器采用单端输入、单端输出的形式，即仪器的两个测量端或输出端总有一端与仪器外壳连接，并与信号测试电缆的外屏蔽线连接在一起接黑夹子，通常这个端点用符号"⊥"表示。应用时，将仪器的"⊥"和被测电路中的"⊥"都连接在一起，才能防止引入干扰，即称为共地。

1.1.6 预习要求

阅读本实验内容，了解示波器的工作原理、性能及面板上常用的各主要旋钮、按键的作用和调节方法。完成实验预习里表 1-5 的选项及填空题。

预习思考题：了解示波器触发的含义。了解 Auto、Normal、Single、Force 这几种触发方式各有什么特点？

姓名：_____ 学号：_____ 班级：_____ 组号：_____ 同组同学：_____

1.1 实验原始数据记录

步骤1：

表1-4 波形参数

峰–峰值 U_{p-p}/V	周期 T/ms	频率 f/Hz

步骤2：

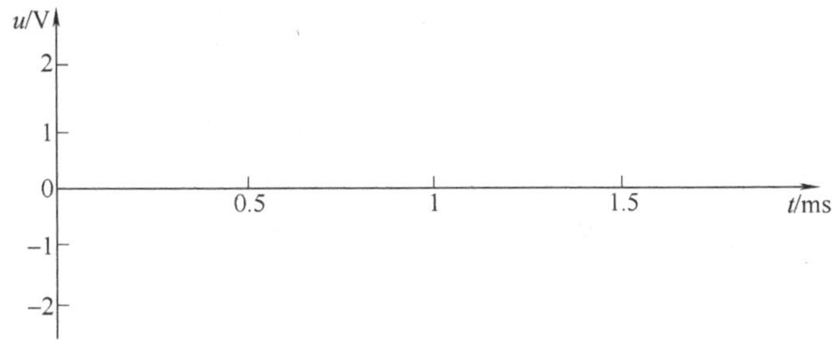

图1-11 记录"Demo"波形（"DC"耦合）

由"DC"耦合变为"AC"耦合时，观测到的波形变化：_____

_____。

步骤3：

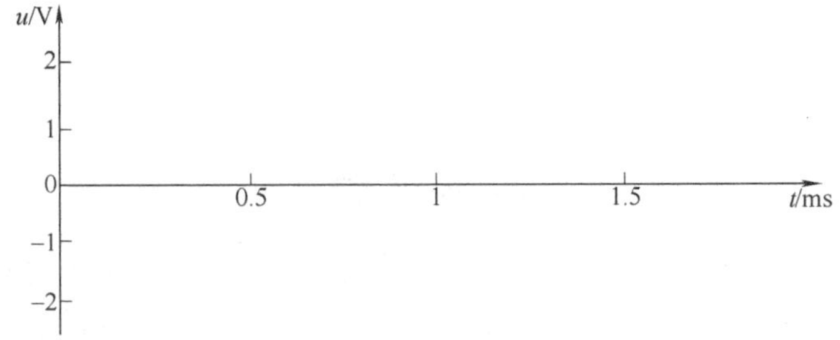

图1-12 记录"Demo"波形（"AC"耦合）

实验记录：

_____
_____
_____
_____

实 验 预 习

表 1-5　选定示波器正确的操作方法（正确的在方框内画 √，错误的在方框内画 ×）

显示情况	操作方法
显示出的波形不稳定 （波形在 X 轴方向移动）	调整触发电平旋钮□； 调整水平位置旋钮□
显示出的波形幅值太小	调整垂直灵敏度旋钮□； 调整垂直位置旋钮□
显示出的波形 X 轴太密	调整水平时基旋钮□； 调整垂直灵敏度旋钮□

1. 填空题：当用示波器观测信号时，已知信号频率为 1kHz，电压峰-峰值为 1V，则应将 Y 轴灵敏度选择"＿＿＿＿/DIV"档，水平时基选择"＿＿＿＿/DIV"档。（要求：波形 Y 轴显示占 5 格，X 轴显示一个周期占 5 格）

计算过程：

2. 思考题：简述示波器触发的含义，Auto、Normal、Single、Force 这几种触发方式各有什么特点？

实 验 总 结

1. 在用示波器观测波形时，一般情况下其测试线的黑夹子接被测电路何处（在正确的答案后括号内画 √）：

1）接被测信号"地"（　　）；

2）悬空不接（　　）；

3）接电路任意地方（　　）。

2. 用示波器测"Demo"的波形时，说明 Y 轴输入耦合方式选"DC"档与"AC"档观测时，波形有什么不同？为什么不同？

3. 总结示波器使用方法。

4. 本次实验体会或者建议。

1.2 数字信号发生器的使用

1.2.1 实验目的

1. 了解数字信号发生器的性能及技术指标。
2. 掌握数字信号发生器的正确使用方法。

1.2.2 数字信号发生器的性能及技术指标

1. TFG6940A 函数/任意波形发生器面板

TFG6940A 数字扫频信号发生器面板如图 1-13 所示。

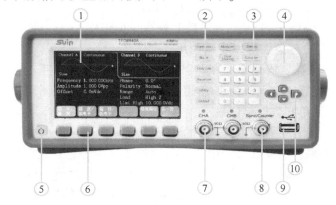

① 显示屏 ② 功能键 ③ 数字键 ④ 调节旋钮 ⑤ 电源按键 ⑥ 菜单软键
⑦ CHA、CHB 输出 ⑧ 同步输出/计数输入 ⑨ U 盘插座 ⑩ 方向键

图 1-13 TFG6940A 数字扫频信号发生器面板

TFG6940A 具有两个输出通道 CHA 和 CHB，如图 1-13 的⑦所示。其面板左侧是显示屏，可切换显示两通道的波形参数，开机默认显示是通道 A，波形为正弦波。显示屏的下方是 6 个菜单软键，用来选择参数，其对应的参数在屏幕下方显示。有些软键对应有两个参数，可通过按此软键在两个参数间切换，切换时注意观察显示屏的对应参数，当参数变成绿色，表示此时该参数被选中，可对其进行设置。

波形发生器的右侧是一些功能键、数字键和调节旋钮。"Continuous"用来产生连续不断的周期性信号，常用的正弦波、方波信号就是连续的周期信号，需要选此模式。"Sweep"用来产生幅度不变、频率在一定范围内变化的扫描信号，一般用于观察频率响应。而"Modulate"用来产生调制信号。

2. TFG6940A 函数/任意波形发生器性能

（1）仪器特点 该波形发生器在微处理器控制下，采用直接数字合成技术，以晶体振荡器作为系统时钟基准，通过相位累加器和数/模（D/A）转换器产生出数字合成波形；大屏幕彩色液晶显示界面可以显示出波形图和多种工作参数。该波形发生器具有 A、B 两个独立的输出通道，可以输出 5 种标准波形、5 种用户波形和 50 种内置任意波形，可以存储和调出 5 组仪器工作状态参数和 5 个用户任意波形；可以设置精确的方波占空比和锯齿波对称度，可以输出线性或对数频率扫描信号，也可以频率列表扫描信号。

(2) 技术指标

1) 标准波形：正弦波、方波、锯齿波、脉冲波、噪声波。

2) 内置任意波形：指数函数、对数函数、正切函数、高斯函数、伪随机码、心电图波、振动波等 50 种波形。

3) 用户定义波形：可编辑存储任意波形 5 个。

4) 频率范围：正弦波：$1\mu Hz \sim 40MHz$

方波、脉冲波：$1\mu Hz \sim 10MHz$

其他波形：$1\mu Hz \sim 5MHz$

5) 幅度范围：$0.1mV_{p\text{-}p} \sim 10V_{p\text{-}p}$（50Ω 负载）

$0.2mV_{p\text{-}p} \sim 20V_{p\text{-}p}$（开路）频率≤20MHz

$0.1mV_{p\text{-}p} \sim 7.5V_{p\text{-}p}$（50Ω 负载）

$0.2mV_{p\text{-}p} \sim 15V_{p\text{-}p}$（开路）频率>20MHz

3. TFG6940A 函数/任意波形发生器使用

(1) 显示说明　仪器的显示屏分为 4 个部分，左上部为 A 通道的输出波形示意图和输出模式、波形和负载设置，右上部为 B 通道的相关内容，中部显示频率、幅度、偏移等工作参数，下部为操作菜单和数据单位显示。

(2) 数据输入

1) 键盘输入：如果一项参数被选中，则参数值会变为绿色，使用数字键、小数点键和负号键可以输入数据。在输入过程中如果有错，在按单位键之前，可以按 "<" 键退格删除。数据输入完成以后，必须按单位键作为结束，输入数据才能生效。如果输入数字后又不想让其生效，可以按单位菜单中的 "Cancel" 软键，本次数据输入操作即被取消。

2) 旋钮调节：在实际应用中，有时需要对信号进行连续调节，这时可以使用数字调节旋钮。当一项参数被选中时，除了参数值会变为绿色外，还有一个数字会变为白色，称为光标位。按移位键 "<" 或 ">"，可以使光标位左右移动。面板上的旋钮为数字调节旋钮，向右转动旋钮，可使光标位的数字连续加 1，并能向高位进位；向左转动旋钮，可使光标指示位的数字连续减 1，并能向高位借位。使用旋钮输入数据时，数字改变后即刻生效，不用再按单位键。光标位向左移动，可以对数据进行粗调，向右移动则可以进行细调。

(3) 基本操作

在模拟电子技术实验里，最常使用的信号是正弦波，其次是方波。一般信号要设置的基本参数是其频率（或者周期）和幅度。如果是方波的话，还有一个很重要的参数就是占空比。方波的占空比是其高电平的时间长度与其周期的百分比，50% 占空比的方波其高电平时间长度等于低电平时间长度。

1) 通道选择：按 "CHA/CHB" 键可以循环选择两个通道，被选中的通道，其通道名称、工作模式、输出波形和负载设置的字符变为绿色显示。使用菜单可以设置该通道的波形和参数，按 "Output" 键可以循环开通或关闭该通道的输出信号。

2) 波形选择：按 "Waveform" 键，显示出波形菜单，按 "第 x 页" 软键，可以循环显示出 15 页 60 种波形。按菜单软键选中一种波形，波形名称会随之改变，在 "连续（Continuous）" 模式下，可以显示出波形示意图。按 "返回" 软键，恢复到当前菜单。

3) 占空比设置：如果选择了方波，要将方波占空比设置为 20%，可按下列步骤操作。

- 按"占空比"软键,占空比参数"Duty Cyc"变为绿色显示。
- 按数字键"2""0"输入参数值,按"%"软键,绿色参数显示为20%。

4)频率设置:如果要将频率设置为2.5kHz,可按下列步骤操作。
- 按"频率/周期"软键,频率(Frequency)参数变为绿色显示。
- 按数字键"2"" · ""5"输入参数值,按"kHz"软键,绿色参数显示为2.500 000kHz。

5)幅度设置:如果要将幅度设置为1.6Vrms(rms表示有效值),可按下列步骤操作。
- 按"幅度/高电平"软键,幅度(Amplitude)参数变为绿色显示。
- 按数字键"1"" · ""6"输入参数值,按"Vrms"软键,绿色参数显示为1.600 0Vrms。

6)偏移设置:如果要将直流偏移设置为 -25mVdc,可按下列步骤操作。
- 按"偏移/低电平"软键,偏移(Offset)参数变为绿色显示。
- 按数字键" - ""2""5"输入参数值,按"mVdc"软键,绿色参数显示为 -25.0mVdc。

注意1:波形发生器输出端严禁短路!否则会损坏波形发生器。

注意2:如果示波器和波形发生器用带红夹子和黑夹子的BNC测试线直接相连,应该保证红接红(信号端相连)、黑接黑(地相连)。因为对波形发生器来说,黑夹子也是它内部的地线,而一般波形发生器的地、示波器的地都是与仪器外壳、屏蔽层及大地相连的,即示波器和波形发生器的黑夹子都是连在一起的。因此如果将波形发生器的红夹子接示波器的黑夹子,实际上会造成波形发生器输出端的短路,这会损坏波形发生器,是严格禁止的。

注意3:在波形参数设置好之后,要记住观察选中通道上方的指示灯(见图1-13的⑦,开机默认是关闭的)。当它亮时,表示有信号从该通道传输出去,如果没有亮,请按"Output"键打开输出。

1.2.3 实验内容和步骤

1. 信号发生器输出正弦波信号(其有效值 $U=1.414V$,频率 $f=1kHz$,偏移0V)

用示波器测量验证信号发生器输出正弦波信号,将测量数据填入表1-6中。波形画在坐标图1-15中,要求波形画1.5个周期。

弄清正弦信号 U_{p-p}(峰-峰值)、U_m(峰值)和 U(有效值)之间的关系:

$$U_m = \frac{U_{p-p}}{2}, \ U = \frac{U_m}{\sqrt{2}}$$

2. 信号发生器输出方波信号(其电压峰-峰值 $U_{p-p}=2V$,频率 $f=500Hz$,25%占空比,偏移0V)

当示波器Y轴耦合方式分别选择"AC"和"DC"档时,观测方波信号显示有什么不同?记录耦合方式不同时,示波器显示的波形有什么变化,注意信号"地"电平的位置。

将其中一种耦合方式下的波形画在坐标图1-16中,标清是何种耦合方式。

3. 学习使用信号发生器频率扫描功能

设定:输出正弦波幅值1V,扫描起始频率为50Hz,终点频率为2kHz,扫描时间为3s,

用示波器观看波形（不记录）。

4. 观察信号的相位差

按照图 1-14 接线，信号发生器输出信号 u_i 为正弦波，$U_i = 1V$，$f = 1kHz$。观测 u_i 和 u_o 的相位差，将测量数据填入表 1-7 中。

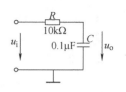

图 1-14　相位差接线图

1.2.4　实验总结报告分析提示

1. 整理实验数据。
2. 波形发生器 BNC 测试线上的红夹子能与示波器的黑夹子相接吗？

1.2.5　预习要求

阅读本实验内容，了解数字波形发生器的性能、技术指标及操作方法。

姓名：_____ 学号：_____ 班级：_____ 组号：_____ 同组同学：_____

1.2 实验原始数据记录

步骤1：

表1-6　波形参数

$U_{\text{p-p}}$（峰–峰值）/V	U_{m}（峰值）/V	U（有效值）/V

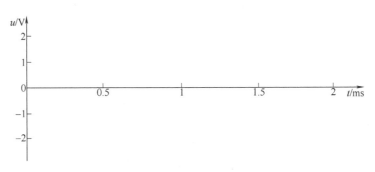

图1-15　画正弦信号波形

Y轴耦合方式：_____

步骤2：

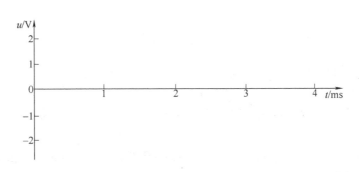

图1-16　画方波信号波形

Y轴耦合方式：_____

当示波器Y轴耦合方式分别选择"AC"和"DC"档时，观测方波信号显示有什么不同。记录：耦合方式从"AC"变为"DC"时，_____。

步骤3：

表1-7　相位差测量

两波形水平相隔时间长度/ms	波形周期 T/ms	相位差/（°）	相位差理论值/（°）

计算过程：

实验记录：
_____
_____
_____
_____
_____

实 验 总 结

1. 用示波器观测信号发生器输出的波形时，两仪器测试线的连接方式如下（在正确的答案后的括号内画✓）：

1）必须两仪器测试线的信号端对接，地（黑夹子）和地（黑夹子）相连（　　）；

2）可任意相连（　　）。

2. 信号发生器在输出不同信号时，设置波形参数 Amplitude 时，rms 标识是什么含义（在正确的答案后的括号内画✓）：

1）正弦交流电压：①有效值（　　）；②峰值（　　）。

2）方波电压：①峰–峰值（　　）；②峰值（　　）。

3. 本次实验操作总结、实验体会或者建议。

1.3 数字交流毫伏表的使用

1.3.1 实验目的

1. 了解数字交流毫伏表的功能及技术指标。
2. 掌握数字交流毫伏表的正确使用方法。

1.3.2 SM2030A 双路数字交流毫伏表的功能及技术指标

1. 仪器特点

SM2030A 是双输入全自动数字交流毫伏表，具备 RS-232 通信功能，适用于测量频率 5Hz~3MHz、电压 50μV~300V 正弦波信号的电压有效值。要注意的是，它不能测出信号中的直流分量。它具有量程自动/手动转换功能，能实现三位半或四位半数字显示，能以有效值、峰-峰值、电压电平、功率电平等多种测量单位显示测量结果。

2. 数字交流毫伏表面板

SM2030A 双路数字交流毫伏表面板如图 1-17 所示，它的正中上方是 VFD 显示屏，下方是一些功能按键，右侧是 2 路被测信号输入端。

3. 技术指标

测量交流电压有效值范围：50μV~300V，$U_{p\text{-}p}$（峰-峰值）范围：140μV~850V。

图 1-17 SM2030A 双路数字交流毫伏表面板

量程有 6 个：3mV、30mV、300mV、3V、30V、300V。

测量电压频率范围：5Hz~3MHz 的交流正弦波。

电压测量误差见表 1-8。可见在不同频率范围里，其测量精度不同，而在 100Hz~500kHz 范围内精度最高。

表 1-8 电压测量误差 [(23±5)℃]

频率范围	电压测量误差
≥5~100Hz	±2.5% 读数 ±0.8% 量程
>100Hz~500kHz	±1.5% 读数 ±0.5% 量程
>500kHz~2MHz	±2% 读数 ±1% 量程
>2~3MHz	±3% 读数 ±1% 量程

1.3.3 使用方法

1. 开机

按下面板上的电源开关按钮，电源接通，仪器进入初始状态。注意，精确测量时，需预热 30min 以上。

2. 选择输入通道、量程和显示单位

仪器开机,默认量程转换方式是自动,显示被测信号的有效值,显示器的第 1 行是 CH1 的测量值,而第 2 行是 CH2 的测量值。在此状态下就可直接开始测量了,也可通过下述方法改变显示器每一行的默认设置。

按下 "L1" 键,选择显示器的第 1 行,可设置第 1 行有关参数,具体方法如下。

(1) 用 "CH1" 或 "CH2" 键选择向该行送显的输入通道。

(2) 用 "Auto" 或 "Manual" 键选择量程转换方式是自动还是手动。

使用手动 "Manual" 量程时,需按 "3mV" ~ "300V" 键人工手动选择量程。如不知道信号的大小,请注意从最大量程开始试测,最终要选择能测出被测信号的最小量程。当输入信号大于当前量程的 13% 时,显示 "OVLD",此时应加大量程;当输入信号小于当前量程的 8% 时,显示 "LOWER",必须减小量程。

当使用自动 "Auto" 量程时,交流毫伏表将自动选择合适的量程。在自动功能下,当输入信号大于当前量程的约 13% 时,自动加大量程;当输入信号小于当前量程的约 10% 时,自动减小量程。

要注意的是,手动量程的测量速度比自动量程快。

(3) 用 "dBV" "dBm" "$V_{p\text{-}p}$" 键选择测得电压值的显示单位,即用电压电平、功率电平和峰-峰值表示,默认的显示单位是有效值。

"dBV" 键:电压电平键,0dBV = 1V。

"dBm" 键:功率电平键,0dBm = 1mW,600Ω。

"$V_{p\text{-}p}$" 键:显示峰-峰值。

同理,按下 "L2" 键,选择显示器的第 2 行,可进行第 2 行有关参数的设置。

3. 输入被测信号,读取测量结果

SM2030A 交流毫伏表有两个独立信号输入端 CH1 和 CH2,可单独使用某一通道,也可同时使用两通道。使用时,交流毫伏表与被测线路必须 "共地",即交流毫伏表 BNC 测试线的黑夹子必须接被测信号的 "地" 端,红夹子接被测信号端,不可互换。

4. 使用完毕请及时关机

将测试线红黑两夹子短接,可防止外界干扰电压输入。如再开机,间隔时间应大于 10s。

5. 其他功能按键

"Rel" 键:归零键。记录 "当前值",然后屏幕显示值变为:测得值-"当前值"。只有当显示有效值、峰-峰值时,按归零键有效,再按一次退出。

"Rem" 键:进入程控,再按一次退出程控。

"Filter" 键:开启滤波器功能,此时测量精度提高,可实现四位半读数显示。

"GND!" 键:接大地功能。连续按键 2 次,仪器处于接地状态(在接地状态,输入信号切莫超过安全低电压!谨防电击);再按一次,仪器处于浮地状态。

1.3.4 实验内容

1. 信号发生器输出正弦交流信号 u_i($U_i = 10\text{mV}$,$f = 1\text{kHz}$,offset = 0V),用交流毫伏表对此信号进行测量,记录测量结果:_____。

2. 信号发生器输出正弦交流信号 u_i（$U_i = 10\text{mV}$，$f = 1\text{kHz}$，offset $= 0.1\text{V}$），用交流毫伏表对此信号进行测量，记录测量结果：_____。

比较两种情况下的测量结果，观察信号中的直流偏移对测量结果的影响。

1.3.5 实验总结报告分析提示

1. 交流毫伏表 BNC 测试线上的红夹子和黑夹子在测量交流信号时是否可以互换？
2. 信号发生器和交流毫伏表都使用的是同种 BNC 测试线，哪种仪器的测试线在使用时红夹子和黑夹子可以短接？为什么？

1.3.6 预习要求

阅读本实验内容，了解数字交流毫伏表的功能及技术指标。当测量信号发生器的输出正弦波交流信号 $U_i = 10\text{mV}$，频率为 1kHz 时，试填写表 1-9。

姓名：_____ 学号：_____ 班级：_____ 组号：_____ 同组同学：_____

1.3 实验原始数据记录

步骤 1：

信号发生器输出正弦交流信号 u_i（$U_i = 10\text{mV}$，$f = 1\text{kHz}$，offset $= 0\text{V}$），用交流毫伏表对此信号的有效值进行测量，记录测量结果：_____ 。

步骤 2：

信号发生器输出正弦交流信号 u_i（$U_i = 10\text{mV}$，$f = 1\text{kHz}$，offset $= 0.1\text{V}$），用交流毫伏表对此信号的有效值进行测量，记录测量结果：_____ 。

比较步骤 1 和步骤 2 两种情况下的测量结果，当信号的幅度不变，只有直流偏移量发生变化时，交流毫伏表的测量结果是如何变化的，为什么？

答：_____

_____。

实验记录：

_____

_____

_____

_____

实 验 预 习

表 1-9　当测量正弦信号 $U_i = 10\text{mV}$ 时，选择数字交流毫伏表的正确使用方法

（在正确的方法的方框内画√）

项　目	选项
手动选量程时，量程应选	30mV☐；　　　　300mV☐
交流毫伏表默认显示的电压值是	交流有效值☐；　　峰值☐
当输入信号大于当前量程的 13% 时，仪表显示	OVLD☐；　　　　无指示☐
能测信号中的直流量吗？	能☐；　　　　　　不能☐

实 验 总 结

1. 数字交流毫伏表 BNC 测试线上的红夹子和黑夹子在测量交流信号时是否可以互换（在正确的答案后的括号内画√）：

1) 可以（　　）；

2) 不可以（　　）。

2. 信号发生器和交流毫伏表使用的是同种 BNC 测试线,哪种仪器的测试线在使用时红夹子和黑夹子可以短接而不会损坏仪器(在正确的答案后的括号内画√):

1)信号发生器(　　);

2)交流毫伏表(　　)。

为什么有的仪器的红夹子和黑夹子可以短接?

3. 本次实验操作总结、实验体会或者建议。

1.4 万用表的使用

1.4.1 实验目的

1. 掌握万用表的正确使用方法。
2. 了解二极管及晶体管的特性。

1.4.2 仪器介绍

实验室常用的 VC9801A[+] 是液晶显示三位半的数字万用表,其外观如图 1-18 所示。数字万用表显示的位数代表了其测量的精度,位数越高精度越高。万用表的上方是显示屏,中间是一些功能按键和档位,下方是用于输入被测信号的表笔插孔。VC9801A[+] 可用来测量交直流电压、交直流电流、电阻、电容、二极管正向导通压降、晶体管放大倍数(hFE)及通断测试等。

数字万用表配有红色和黑色两根表笔,其中黑表笔必须插在下方的"COM"孔,而红表笔根据被测信号的不同来选择。红表笔一般插在下方最右侧的"VΩ"孔,此时可测量电压和电阻值。当测量电流时要格外注意,一定要根据被测电流的大小来更换红表笔的插孔,有"2/20A"和"mA"两个选项。尤其要注意,万用表在其电流插孔处会标明该插孔最大熔断电流大小,使用时务必不要超过其范围。

在使用万用表时,首先需要确定被测量是什么,比如是直流电压还是直流电流;然后再根据被测量的大小来选择合适的量程档位。数字万用表在不同量程下的精度是不同的,量程越小精度越高。因此,如果不知道被测量的大小,应该先选择最大的量程试测,然后根据测量结果,选择能测出被测量的最小量程。数字万用表在超量程使用时会显示"OL"或者"1",此时需尽快提高量程。

a) 数字万用表

b) 万用表表笔

图 1-18 数字万用表及表笔

长按"POWER/APO"键 2s,可打开和关闭数字万用表。此表具有自动关机功能,在屏幕左上方上会显示"APO",表示"Auto Power Off",开机后如不进行测量工作,则 15min 后自动关机,以防仪表使用完毕忘关电源。需注意的是,当短按"POWER/APO"键时,此表的自动关机功能被关闭,此时万用表将不会自动关机。

短按"Hold/B/L"按键,将锁定测量数据,即使改变输入,测量值也不会变化。再次短按下此键,则解除锁定。

长按"Hold/B/L"按键,仪表开启背光。再次长按下此键,则关闭背光。

当电池电量不足时，屏幕的左上角会显示电池符号。应注意，当电池电量不足时，将不能保证测量精度。为了节约用电，要养成随手关断电源的习惯。

测量交流电压真有效值时，如为正弦波、三角波，它的频率响应范围为40Hz~1kHz。在2~200V量程时，精度为±（0.8%的读数+5个字）。可见万用表的频带比数字交流毫伏表窄，且精度没有数字交流毫伏表高。

万用表不使用时，请关闭电源，档位放在交流电压最大量程档。

1.4.3 实验内容

1. 学习测量电阻、直流电压

（1）用数字万用表测量实验箱中"共射极放大电路"里的电阻R_{B1}的阻值，旋转电位器RP旋钮，感受阻值的变化，判断旋转方向与阻值变化趋势的关系。将R_{B1}的阻值调到约40kΩ，记录下来。

（2）分别用数字万用表测量实验箱提供的直流电源+12V和-12V。注意电压的测量方法。

万用表测量电压时，比如，测量U_{AB}，要将红表笔接A端，黑表笔接B端；测量U_B，要将红表笔接B端，黑表笔接"地"端。测量电压时，若显示正值，则表明红表笔电位高于黑表笔；若显示负值，则表明黑表笔电位高于红表笔。

2. 学习测量导线的好坏

选择数字万用表标有发声的档位"•)))"，将红、黑表笔短接，能听到蜂鸣声，表示红、黑表笔之间短路。据此可判断表笔完好，并且表笔与万用表连接正常。

当需测量导线的好坏时，将万用表的红、黑表笔分别与导线两端相连，若能听到蜂鸣声，则表明导线是好的，否则导线不通。同理，可用此法检测电路中短路的两节点，判断这两节点是否可靠相连。

3. 认识二极管

（1）判断二极管的好坏：使用的方法是检查二极管的PN结是否被击穿。PN结应是正向导通，反向截止。

选择数字万用表二极管测量档位"▶︎|"。测量操作如下：

1）红表笔测P极，黑表笔测N极，记录数值U_{PN}；

2）红表笔测N极，黑表笔测P极，记录表的显示。

根据结果判断此二极管的好坏。

（2）二极管单向导通特性研究：按照图1-19接线，信号发生器输出信号u_i为正弦波（有效值$U_i=1V$，频率$f=1kHz$）。用示波器观测u_i和u_o的波形，将测量的波形记录在图1-21中。从示波器的波形图中读出二极管在工作时的导通压降和开启电压。

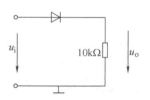

图1-19 二极管单向导电

4. 认识晶体管

（1）学习判断晶体管的引脚

用数字万用表的"▶︎|"和"hFE"档，可以判断晶体管的引脚。

1）使用万用表的"▶︎|"档判断晶体管是NPN型还是PNP型，此操作还可以同时确定

晶体管的 b 极。由于不知晶体管的型号和引脚，所以操作时要先假设晶体管的型号，且要逐一测试每个引脚是否为 b 极。

假设某引脚为 b 极，红表笔接 b 极，黑表笔接另两脚。如果均导通，则此引脚为 b 极，且晶体管为 NPN 型。

假设某引脚为 b 极，黑表笔接 b 极，红表笔接另两脚。如果均导通，则此引脚为 b 极，且晶体管为 PNP 型。

2）已知 b 极，确定 c 和 e 极。假设未知的两个引脚为 c 和 e 极，使用万用表"hFE"档进行测量，测得此时的 hFE。此时，晶体管的三个引脚需对应插入万用表上相应的晶体管型号的测量孔中，特别要注意选择是 NPN 型还是 PNP 型的插孔。交换 c 和 e 引脚，再测 hFE。当测得的 hFE 为最大时，以此时的晶体管引脚排布为准。

（2）学习测量晶体管的好坏

判断晶体管的好坏，使用的方法是检查晶体管的 PN 结是否被击穿。选择数字万用表二极管测量档位"▶|"，晶体管的 PN 结应是正向导通，反向截止。NPN 型晶体管的引脚如图 1-20 所示。

图 1-20　NPN 型晶体管

1.4.4　预习要求

1. 阅读本实验内容，了解数字万用表的结构、性能及操作方法。
2. 什么是二极管的开启电压？硅材料的二极管开启电压大约是多少？
3. 硅材料的二极管正向导通时的导通电压大约是多少？
4. 请自行查阅资料，了解晶体管的封装和引脚布局。

姓名：_____ 学号：_____ 班级：_____ 组号：_____ 同组同学：_____

1.4 实验原始数据记录

步骤 1：

1）用数字万用表测量实验箱中"共射极放大电路"里的电阻 R_{B1} 的阻值，旋转电位器 RP 旋钮，感受阻值的变化，判断旋转方向与阻值变化趋势的关系。

顺时针旋转，阻值是增大还是减小（在选项后画√）：增大_____；减小_____。

将 R_{B1} 的阻值调到约 40kΩ，测量记录 R_{B1} = _____。

2）用数字万用表测量实验箱提供的直流电源 +12V 和 −12V。记录测量结果：

直流电源 +12V：_____   直流电源 −12V：_____

步骤 2：

二极管测量操作如下：

1）红表笔测 P 极，黑表笔测 N 极，记录数值 U_{PN} = _____。

2）红表笔测 N 极，黑表笔测 P 极，记录表的显示_____。

判断此二极管的好坏（在选项后画√）：好_____；坏_____。

步骤 3：

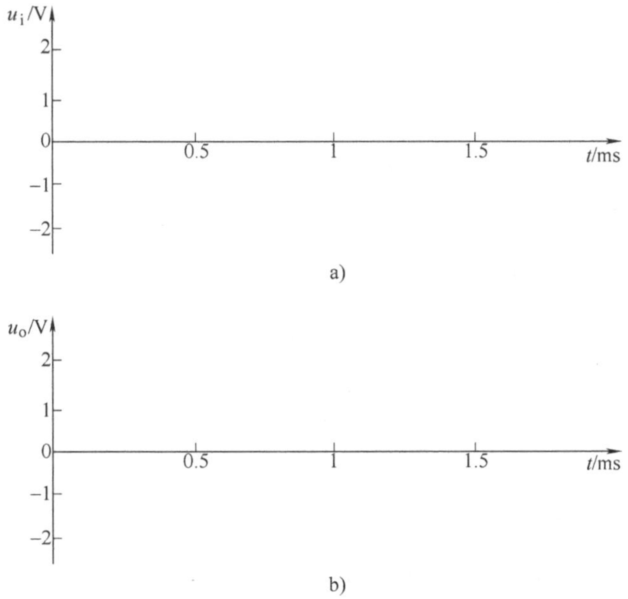

图 1-21 u_i 及 u_o 的波形

从示波器的波形图中读出二极管在工作时的导通压降：_____，开启电压：_____。

步骤 4：

判断晶体管引脚：

所测的 hFE = _____。

在图 1-22 中（从晶体管引脚根部观察）标出引脚。

晶体管的类型（在选项后画√）：NPN _____；PNP _____。

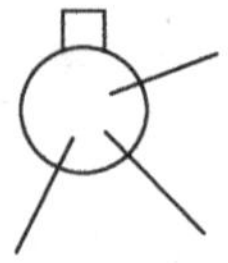

步骤 5：

晶体管测量操作如下：

1）红表笔测基极 b，黑表笔分别测集电极 c 和发射极 e，记录数值 U_{BC} = _____，U_{BE} = _____。

2）黑表笔测基极 b，红表笔分别测集电极 c 和发射极 e，记录表的显示 _____。

判断此晶体管的好坏（在选项后画√）：好 _____；坏 _____。

图 1-22　晶体管引脚

实验记录：

_____
_____
_____

实 验 预 习

1. 什么是二极管的开启电压？硅材料的二极管开启电压大约是多少？

2. 硅材料的二极管正向导通时的导通电压大约是多少？

实 验 总 结

1. 数字万用表的交流电压档和数字交流毫伏表都可以测正弦信号的有效值，请问有什么区别？

2. 本次实验操作总结、实验体会或者建议。

第 2 章　模拟电子技术实验

2.1　晶体管共射极单管放大电路

2.1.1　实验目的

1. 学习如何设置放大电路静态工作点及其调试方法。
2. 研究静态工作点对动态性能的影响。
3. 掌握信号发生器、交流毫伏表、示波器等常用电子仪器的正确使用方法。

2.1.2　原理说明

在实践中，放大电路的用途是非常广泛的，放大的对象均为变化量，放大的本质是能量的控制和转换，单管放大电路是最基本的放大电路。稳定静态工作点的共射极单管放大电路是电流负反馈工作点稳定电路，它的放大能力可达到几十到几百倍，频率响应范围为几十赫兹到上千赫兹。不论是单级放大器还是多级放大器，它们的基本任务是相同的，就是对信号给予不失真的、稳定的放大，即只有在不失真的情况下放大才有意义。

1. 放大电路静态工作点的选择

当放大电路仅提供直流电源、不提供输入信号时，称为静态工作情况，这时晶体管的各电极的直流电流和电压的数值（晶体管的基极电流 I_B、集电极电流 I_C、b-e 间电压 U_{BE}、管压降 U_{CE}），将在管子的特性曲线上确定一点，这点称为放大电路的静态工作点 Q。静态工作点的选取十分重要，它影响放大器的放大倍数、波形失真及工作稳定性等。

静态工作点如果选择不当，会产生饱和失真或截止失真。如果静态工作点偏高，放大电路在加入交流信号以后易产生饱和失真；如果静态工作点偏低，则易产生截止失真。这些情况都不符合不失真放大的要求。一般情况下，调整静态工作点，就是调整电路有关电阻（图 2-2 中的电阻 R_{B1}），使 U_{CEQ} 达到合适的值。

2. 放大电路的基本性能

当放大电路静态工作点调好后，输入交流信号 u_i，这时电路处于动态工作情况，放大电路的基本性能主要是动态参数，包括电压放大倍数 A_u、输入电阻 R_i、输出电阻 R_o、频率响应。这些参数必须在输出信号不失真的情况下才有意义。交流放大电路实验原理图如图 2-1 所示。

（1）电压放大倍数 A_u 的测量　用交流毫伏表测量图 2-1 中 U_i 和 U_o 的值，即

$$A_u = U_o/U_i \tag{2-1}$$

（2）输入电阻 R_i 的测量　如图 2-1 所示，放大器的输入电阻 R_i 就是从放大器输入端看进去的等效电阻，即 $R_i = U_i/I_i$。

测量 R_i 的方法：在放大器的输入回路中串联一个已知电阻 R，选用 $R \approx R_i$（R_i 为理论估算值）。在放大器输入端加正弦信号电压 u_i'，用示波器观察放大器输出电压 u_o，在 u_o 不

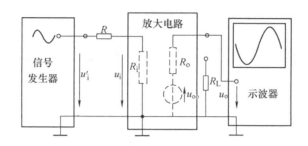

图 2-1 交流放大电路实验原理图

失真的情况下,用交流毫伏表测量电阻 R 两端对地电压 U'_i 和 U_i(图 2-1),则有

$$R_i = \frac{U_i}{I_i} = \frac{U_i}{U'_i - U_i} R \tag{2-2}$$

(3) 输出电阻 R_o 的测量 如图 2-1 所示,放大电路的输出电阻是从输出端向放大电路方向看进去的等效电阻,用 R_o 表示。

测量 R_o 的方法是在放大器的输入端加信号电压,在输出电压 u_o 不失真的情况下,用交流毫伏表分别测量空载($R_L = \infty$,即图 2-2 中 3、4 两点不连线)时放大器的输出电压 U_{oo} 值和带负载($R_L = 5.1\text{k}\Omega$,即图 2-2 中 3、4 两点连线)时放大器的输出电压 U_{oL} 值,则输出电阻:

$$R_o = \frac{U_{oo} - U_{oL}}{I_o} = \frac{U_{oo} - U_{oL}}{U_{oL}} R_L \tag{2-3}$$

(4) 频率响应的测量 放大器的频率响应所指的是,在输入信号幅度不变的情况下,输出随输入信号频率连续变化的稳态响应,即对不同频率时放大倍数的测量。测试方法有逐点测量法和扫频法两种。

3. 实验设备

信号发生器、数字交流毫伏表、万用表、示波器、模拟电路实验箱。

2.1.3 实验内容

1. 调整静态工作点

1)按共射极单管放大电路图 2-2 接线,仅接直流电源 +12V,不接信号发生器。

2)调节电位器 RP,使 $R_{B1} = 40 \sim 50\text{k}\Omega$,然后按表 2-1 内容测量静态工作点,将所测数据与理论估算值比较。

注意:

① 测量 RP 的值时,应断开电源,并将与之并联的电路断开。

② 在测量 I_{BQ} 时应将晶体管的基极断开,将万用表量程拨在 200μA(DC)档,串联在电路中测量。当测量完 I_{BQ} 后应将晶体管基极断开的电路按原电路连接。

③ 测量 I_{CQ} 时应将 R_C 断开,将万用表量程拨在 2mA(DC)档,串联在电路中测量,测量结束后恢复原电路。

2. 测量放大器交流参数

1)按图 2-2 接线,保持前面的静态工作点不变,信号发生器输出信号接放大器的输入端 u'_i($U'_i = 10\text{mV}$,$f = 1\text{kHz}$)。用示波器始终观察 u_i 和 u_o 的波形。u_o 应与 u_i 波形反相,且

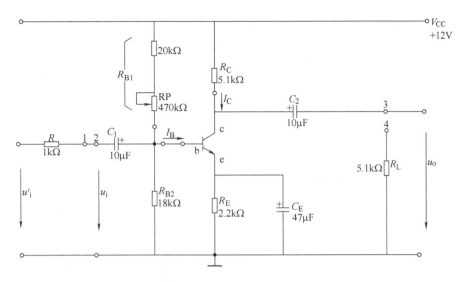

图 2-2 共射极单管放大电路

不失真地放大,这说明电路工作正常,否则请检查电路,排除故障。

注意:示波器在同时观测两路频率相同的信号时,一般选择信号幅度大的那路信号作为触发源。由于该放大电路的输入信号 u_i 很小,为 mV 级,因此信号受到的干扰较严重,用示波器观察时显示波形较难稳定。所以在同时观察 u_i 和 u_o 的波形时,请选择放大后的输出信号 u_o 作为示波器的触发源。

2)用数字交流毫伏表分别测量 U_i'、U_i、U_o 的值(测量时需用示波器监测 u_i 和 u_o 波形是否正常),填入表2-2 中(注意波形相位相反时数据加负号),并根据式(2-1)、式(2-2)和式(2-3) 计算电压放大倍数 A_u、输入电阻 R_i 和输出电阻 R_o。

注意:测量交流电压时一定要用交流毫伏表,严禁使用数字万用表。

3)将图 2-2 中的电解电容 C_E 从电路中断开,观察输出信号的变化,思考 C_E 在电路中的作用。

4)测量频率响应:保持前面的静态工作点不变,接入负载电阻 R_L,使用示波器的 FRA 功能实现频率响应的测量。设置扫描信号频率的起点为 20Hz,终点为 1MHz,信号幅度为 30mVp-p,输出负载为 High Z。观察示波器测量的结果,可见为带通特性,低频段和高频段信号衰减。用示波器 Entry 旋钮,在示波器的频率响应曲线上移动标记,以查看在各个频率点测量的增益和相位值。请在幅频特性曲线中找出最大增益值,并将此点记录下来。将标记移动到最大增益的 -3dB 处,可分别测得低频段的下限截止频率 f_L 和高频段的上限截止频率 f_H,将其记录下来。请在表 2-3 中记录测量点的频率 f 及对应的增益值,请注意所选的测量点要有代表性。将幅频特性曲线画在坐标图 2-3 中。

3. 观察静态工作点对动态性能的影响

1)按图 2-2 接线,适当加大输入信号,使 $U_i' = 15\text{mV}$,$f = 1\text{kHz}$,断开 R_L,改变静态工作点,即调整 RP 的值。

2)将 RP 的值逐渐调小,用示波器观察 u_o 的波形变化,直至 u_o 的负半周出现削底失真(饱和失真)。将饱和失真的波形图画在坐标图 2-4 中。用万用表测量此时的静态工作点电压值 U_B、U_{CE},并与正常放大时进行比较。

3) 然后将 RP 的值逐渐调大,用示波器观察 u_o 的波形变化,可以看到 u_o 幅值逐渐减小(当 $R_{RP}↑$,$I_E↓$,$r_{be}↑$,$A_u↓$),并有非线性失真(波形正、负半周不完全对称,这是晶体管的输入特性的非线性所致,不可调)。当在示波器上观察到 u_o 幅值减小到 20mV 左右时,u_o 的正半周出现明显的失真为止(截止失真)。要使 u_o 的正半周出现明显削顶失真(截止失真),可适当加大输入信号,比如设置 $U_i' = 30\text{mV}$。

4) 将截止失真的波形图画在坐标图 2-5 中。用万用表测量此时的静态工作点电压值 U_B、U_{CE},并与正常放大时进行比较。

2.1.4 实验总结报告分析提示

1. 整理实验数据(包括静态工作点、电压放大倍数 A_u、输入电阻 R_i、输出电阻 R_o、波形图)。
2. 通过实验,说明放大器静态工作点设置的不同对放大器工作有何影响。
3. 用实验结果说明放大器负载 R_L 对放大器的放大倍数 A_u 的影响。
4. 思考题:图 2-2 中的电解电容 C_E 在电路中的作用是什么?

2.1.5 预习要求

1. 设 $R_{B1} = 40\text{k}\Omega$,$\beta = 50$,$U_{BE} = 0.7\text{V}$,估算图 2-2 静态理论值,并将数据填入表 2-1 中。

2. 估算图 2-2 电压放大倍数 $\dot{A}_u$(空载情况和有负载情况),填入表 2-2 中。

$$\dot{A}_u = \frac{\dot{U}_o}{\dot{U}_i} = -\beta \frac{R_L'}{r_{be}} \tag{2-4}$$

式中,$R_L' = R_L // R_C$。

利用估算的静态值计算 r_{be},即

$$r_{be} = 300\Omega + (1+\beta)\frac{26\text{mV}}{I_E(\text{mA})} \tag{2-5}$$

3. 阅读完本实验内容后,填写表 2-4。

2.1.6 注意事项

1. 实验中,为了安全和不损坏元器件,应先接线后通电。拆线前,要先关电源。
2. 为了避免干扰,放大器与各电子仪器、仪表的连接应当"共地",即将示波器、信号源、直流电源、交流毫伏表的"地"端都连接在一起,如图 2-1 所示。所有信号线采用同轴电缆,黑夹子只能接"⊥"上。
3. 不允许直流电源和信号发生器输出端短路。最容易犯的错误是将电源打开时,输出端接两根悬空的导线,这就容易造成电源短路。
4. 正确选用仪表,频率在 1kHz 以上的交流信号或幅值较小的交流信号要用交流毫伏表测量,而不能用数字万用表测量(因万用表测试频带宽度窄,所以在模拟实验中不适用)。
5. 测量表 2-2 的交流参数时,要先用示波器观察输入 u_i 和输出 u_o 波形,确定电路工作在正常放大情况下,才能开始测量。注意,+12V 直流电源也要连接并打开!这样才能有合适的静态工作点,晶体管才能处于放大状态。

姓名：_____ 学号：_____ 班级：_____ 组号：_____ 同组同学：_____

2.1 实验原始数据记录

步骤1：

表2-1 放大器静态工作点

项目	参数						
	U_B/V	U_{BE}/V	U_{CE}/V	R_{B1}/kΩ	I_B/μA	I_C/mA	β (I_C/I_B)
理论值		0.7		40			50
实测值							

计算过程：

步骤2：

表2-2 测量放大器的交流参数

工作条件	项目					
	实测值			计算值		
	U_i'/mV	U_i/mV	U_o/V	A_u	R_i/kΩ	R_o/kΩ
空载 $R_L \to \infty$			$U_{oo}=$	理论		
				实测		
接负载 $R_L=5.1\text{k}\Omega$			$U_{oL}=$	理论		
				实测		

计算过程：

将图2-2中的电解电容 C_E 从电路中断开，观察输出信号的变化，思考 C_E 在电路中的作用。记录输出信号幅度的变化（在正确答案后的括号内画√）：①增大（　　）；②减小（　　）；③不变（　　）。

步骤3：

测量频率响应，记录测量点，须含最大增益点、下限截止频率点和上限截止频率点。

表 2-3　放大器频率响应

f/Hz								
A_u/dB								
f/kHz								
A_u/dB								

最大增益点：增益 A_u/dB：_____，频率 f/Hz：_____；

下限截止频率点：增益 A_u/dB：_____，频率 f/Hz：_____；

上限截止频率点：增益 A_u/dB：_____，频率 f/Hz：_____。

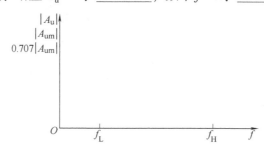

图 2-3　画幅频特性曲线

步骤 4：饱和失真观察

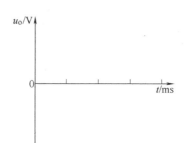

图 2-4　画饱和失真波形

用万用表测量此时的静态工作点电压值 U_B、U_{CE}，并与正常放大时进行比较。记录如下：$U_B =$ _____，$U_{CE} =$ _____。

步骤 5：截止失真观察

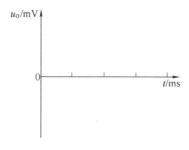

图 2-5　画截止失真波形

用万用表测量此时的静态工作点电压值 U_B、U_{CE}，并与正常放大时进行比较。记录如下：U_B = _____，U_{CE} = _____。

实验记录：

_____
_____
_____
_____

实 验 预 习

表 2-4　选定仪表正确使用的方法（正确的在方框内画√，错误的在方框内画×）

项　目	操作步骤
测电阻	断开测量电路的电源□； 断开所测电阻并联回路测电阻□
测电流	将万用表串联到电路中□； 测 I_B 用 μA 档□； 测 I_C 用 mA 档□； 不用断开其测量两点间原来相连的导线□
电压表选择	测量静态工作点使用：万用表□，交流毫伏表□； 测量交流参数 u_i、u_o 使用：万用表□，交流毫伏表□
实验结束 仪器复位	先关所有仪器电源开关，再拆线□； 交流毫伏表的测量夹子夹在一起□； 万用表放在电阻档□； 万用表放在交流最大档或"OFF"档□

实 验 总 结

1. 通过实验，请具体分析放大器静态工作点设置的不同对放大器工作（电压放大倍数 A_u、输入电阻 R_i、输出电阻 R_o）有何影响。

2. 根据表 2-2 的实验结果，说明放大器负载 R_L 减小时，放大器的放大倍数 A_u 如何变化。为什么有这样的变化？

3. 思考题：图 2-2 中的电解电容 C_E 在电路中的作用是什么？

4. 本次实验操作总结、实验体会或建议。

2.2 射极跟随器的电路特点

2.2.1 实验目的

1. 掌握射极跟随器的特性及测试方法。
2. 进一步学习放大器各项参数的测试方法。

2.2.2 原理说明

射极跟随器的原理图如图 2-6 所示。它是一个电压串联负反馈放大电路，是共集电极放大电路，具有输入电阻高、输出电阻低、电压放大倍数接近 1、输出电压能够在较大范围内跟随输入电压作线性变化，以及输入/输出信号同相等特点。

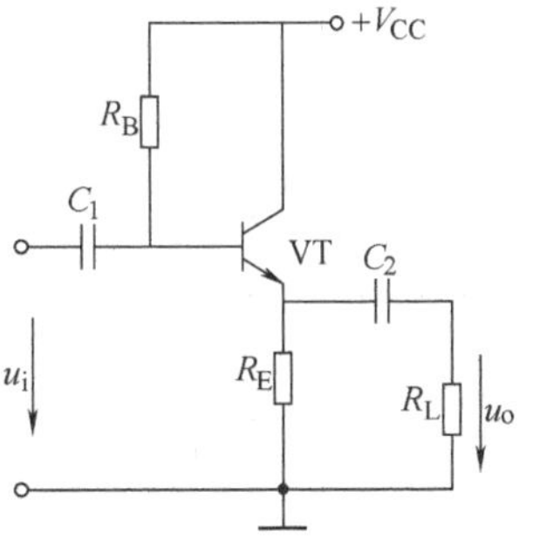

由于输出电压由发射极获得，故又称射极输出器。

1. 电压放大倍数 A_u

电压放大倍数为

$$A_u = \frac{(1+\beta)(R_E \mathbin{/\mkern-6mu/} R_L)}{r_{be} + (1+\beta)(R_E \mathbin{/\mkern-6mu/} R_L)} \leq 1 \tag{2-6}$$

式(2-6)说明射极跟随器的电压放大倍数 $A_u \leq 1$，且为正值，这是深度电压负反馈的结果。但它的射极电流仍是基极电流的 $1+\beta$ 倍，所以它具有一定的电流和功率放大作用。

图 2-6 射极跟随器原理图

2. 输入电阻 R_i

输入电阻为

$$R_i = R_B \mathbin{/\mkern-6mu/} [r_{be} + (1+\beta)(R_E \mathbin{/\mkern-6mu/} R_L)] \tag{2-7}$$

由式(2-7)可知，射极跟随器的输入电阻 R_i 比共射极单管放大器的输入电阻 $R_i' = R_B \mathbin{/\mkern-6mu/} r_{be}$ 要高得多，但由于偏置电阻 R_B 的分流作用，输入电阻难以进一步提高。

输入电阻 R_i 的测量方法同单管放大器，实验电路如图 2-7 所示。输入电阻为

$$R_i = \frac{U_i}{I_i} = \frac{U_i}{U_i' - U_i} R \tag{2-8}$$

3. 输出电阻 R_o

如考虑信号源内阻 R_S，则

$$R_o \approx \frac{r_{be} + R_B \mathbin{/\mkern-6mu/} R_S}{1+\beta} \tag{2-9}$$

由式(2-9)可知，射极跟随器的输出电阻 R_o 比共射极单管放大器的输出电阻 $R_o' \approx R_C$ 低得多。晶体管的 β 越高，输出电阻越小。

输出电阻 R_o 的测量方法也同单管放大器，即先测出空载输出电压 U_{oo}，再测出接入负载 R_L 后的输出电压 U_{oL}，根据

$$R_o = \frac{U_{oo} - U_{oL}}{I_o} = \frac{U_{oo} - U_{oL}}{U_{oL}} R_L \tag{2-10}$$

即可求出 R_o。

4. 实验设备

+12V 直流电源、数字扫频信号发生器、双踪示波器、交流毫伏表、万用表。

2.2.3 实验内容

按图 2-7 所示连接电路。

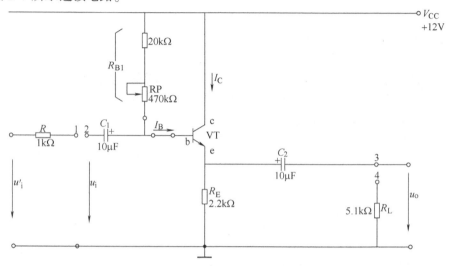

图 2-7 射极跟随器电路

1. 静态工作点的调整

1）按射极跟随器实验电路图 2-7 接线。仅接 +12V 直流电源，不接信号发生器。

2）调节电位器 RP，使 $R_{B1}=40\sim50\mathrm{k}\Omega$，然后按表 2-5 内容测量静态工作点，将所测数据与理论估算值比较。

在下面整个测试过程中应保持 RP 值不变（即保持静态工作点不变）。

2. 测量放大器交流参数

按图 2-7 接线，将输入端 1、2 两点连线。保持前面的静态工作点不变，信号发生器输出信号接放大器的输入端，加 $f=1\mathrm{kHz}$ 的正弦信号 u'_i。调节输入信号幅度，用示波器始终观察 u_i 和 u_o 的波形。在输出 u_o 的波形最大不失真情况下，用交流毫伏表测量 U'_i、U_i、U_o 的值，填入表 2-6 中，并根据式(2-1)、式(2-8) 和式(2-10) 计算电压放大倍数 A_u、输入电阻 R_i 和输出电阻 R_o。

3. 测量跟随特性

接入负载 $R_L=1\mathrm{k}\Omega$，在输入端加 $f=1\mathrm{kHz}$ 正弦信号 u'_i，逐渐增大信号 u'_i 幅度，用示波器监视输出波形，并测量和记录对应的 U_o 值，直至输出波形达最大不失真，填入表 2-7 中。

4. 测量频率响应特性

保持输入信号 u'_i 幅度不变，改变信号源频率，用示波器监视输出波形，用交流毫伏表测量不同频率下的输出电压 U_o 的值，填入表 2-8 中。

2.2.4 实验总结报告分析提示

1. 根据表 2-7 中实验数据，在图 2-8 中画出曲线 $U_o=f(U_i)$。

2. 分析射极跟随器的性能和特点。

2.2.5 预习要求

1. 复习射极跟随器的工作原理。

2. 设 $R_{B1} = 50\text{k}\Omega$，$\beta = 50$，$U_{BE} = 0.7\text{V}$，估算图 2-7 静态理论值，并将数值填入表 2-5 中。

3. 根据式(2-6)估算图 2-7 的电压放大倍数 A_u（空载情况和有负载情况），填入表 2-6 中。

利用估算的静态值计算 r_{be}，即

$$r_{be} = 300\Omega + (1 + \beta)\frac{26\text{mV}}{I_E(\text{mA})} \tag{2-11}$$

姓名：_____ 学号：_____ 班级：_____ 组号：_____ 同组同学：_____

2.2 实验原始数据记录

步骤 1：

表 2-5 放大器静态工作点

项目	参数							
	U_B/V	U_{BE}/V	U_{CE}/V	$R_{B1}/kΩ$	$I_B/μA$	I_C/mA	I_E/mA	$β(I_C/I_B)$
理论值		0.7		50				50
实测值								

计算过程：

步骤 2：

表 2-6 测量放大器的交流参数

工作条件	项目					
	实测值			计算值		
	U_i'/mV	U_i/mV	U_o/V	A_u	$R_i/kΩ$	$R_o/kΩ$
空载 $R_L→∞$				理论		
				实测		
接负载 $R_L=5.1kΩ$				理论		
				实测		

计算过程：

步骤 3：

表 2-7 测量放大器跟随特性

U_i/V					
U_o/V					

步骤 4：

表 2-8 测量频率响应特性

f/Hz					
U_o/V					

实验记录：

_____
_____
_____
_____
_____

实 验 总 结

1. 根据表 2-7 中实验数据，在图 2-8 中画出曲线 $U_o = f(U_i)$。

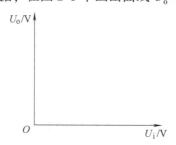

图 2-8　画曲线 $U_o = f(U_i)$

2. 分析射极跟随器的性能和特点。

3. 本次实验操作总结、实验体会或建议。

2.3 差动放大电路

2.3.1 实验目的

1. 熟悉差动放大电路的结构和性能特点。
2. 掌握差动放大器主要性能指标的测试方法。

2.3.2 原理说明

差动放大电路的主要特点：差动放大电路广泛地应用于模拟集成电路中，它具有很高的共模抑制比。例如，由电源波动、温度变化等外界干扰都会引起工作点的不稳定，它们都可以看作是一种共模信号。差动放大电路能抑制共模信号的放大，对上述现象有良好的适应性，使放大器有较高的稳定性。图 2-9 为差动放大电路，它采用直接耦合形式，当电路 1、2 两点相连时是长尾式差动放大电路，当电路 1、3 两点相连时是恒流源式差动放大电路。在长尾式差动放大电路中抑制零漂的效果和 R_E 的值有密切关系，因此 R_E 也称共模反馈电阻，R_E 越大，效果越好。但 R_E 越大，维持同样工作电流所需要的电压 V_{EE} 也越高。这在一般情况下是不合适的，恒流源的引出解决了上述矛盾。在晶体管的输出特性曲线上，有相当一段具有恒流源的特性，用它来替代长尾 R_E，从而更好地抑制共模信号的变化，提高了共模抑制比。

1. 差动放大电路的几种接法

差动放大电路的输入端，有单端和双端两种输入方式；输出方式有单端和双端两种。电路的放大倍数只与输出方式有关，而与输入方式无关。我们做下面两种输入和输出方式的介绍。

(1) 单端输入—单端输出　信号电压 u_i 仅由晶体管 VT_1 的 A 端输入，而晶体管 VT_2 的 B 端接 "地"。晶体管 VT_1 单端输出 u_{o1}，取自晶体管 VT_1 的集电极对 "地" 电压，输入信号 u_i 与输出信号 u_{o1} 反相；晶体管 VT_2 单端输出 u_{o2}，取自晶体管 VT_2 的集电极对 "地" 电压，输入信号 u_i 与输出信号 u_{o2} 同相。单端输出的放大倍数是单管放大的 1/2。

(2) 单端输入—双端输出　信号电压 u_i 仅由晶体管 VT_1 的 A 端输入，而晶体管 VT_2 的 B 端接 "地"。输出电压为晶体管 VT_1 和晶体管 VT_2 集电极之间的电压。实际测量时分别测出 u_{o1} 和 u_{o2}，再进行计算（$u_o = u_{o1} - u_{o2}$）。双端输出的放大倍数和单管放大相同。

2. 共模输入

信号电压 u_i 仅由晶体管 VT_1 的 A 端输入，而晶体管 VT_2 的 B 端与晶体管 VT_1 的 A 端连接在一起，晶体管 VT_2 的 B 端接 "地" 的线必须断开，否则会将信号源短路。A_c 为共模放大倍数，当电路完全对称时，$A_c = 0$。共模抑制比 $K_{CMRR} \to \infty$ 为理想情况，$K_{CMRR} = \left|\dfrac{A_d}{A_c}\right|$。

3. 实验设备

示波器、数字交流毫伏表、信号发生器、万用表、模拟电路实验箱。

2.3.3 实验内容

1. 长尾式差动放大电路

按图 2-9 接线，将电路图中 1、2 两点连接。

（1）静态测试　调零：当输入电压为0（把A、B两个输入端都接"地"）时，由于电路不会完全对称，输出不一定为0，通过调节调零电位器RP可改变晶体管VT_1和晶体管VT_2的初始工作状态，用万用表测量差动放大电路双端输出，使双端输出为0，即$U_{CQ1} = U_{CQ2}$（U_{CQ1}、U_{CQ2}分别为晶体管VT_1和晶体管VT_2集电极对"地"电压）。按表2-9要求将测量数据填入表中。

（2）动态测试　输入频率为1kHz的交流信号u_i（有效值见对应表中所列值）。

1）差模动态测试：用示波器始终观察输入与输出信号，记录输入与输出信号之间的相位关系。分别测量差模动态数据，计算差模放大倍数。将测量数据填入表2-10中。

2）共模动态测试：按表2-11分别测量共模动态数据，计算共模放大倍数及共模抑制比，记录输入与输出的波形。

2. 恒流源式差动放大电路

按图2-9接线，将电路图中1、2两点断开，1、3两点连接。

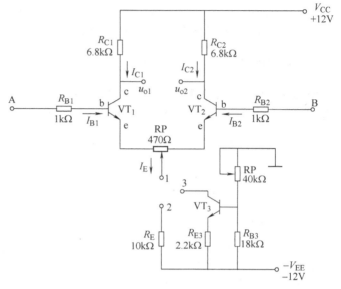

图2-9　差动放大电路

（1）静态测试　当输入电压为0（把A、B两个输入端都接"地"）时，由于电路不会完全对称，输出不一定为0，RP为调零电位器，通过调节RP可改变晶体管VT_1和晶体管VT_2的初始工作状态，用万用表测量差动放大电路双端输出，使双端输出为0，即$U_{CQ1} = U_{CQ2}$（U_{CQ1}、U_{CQ2}分别为晶体管VT_1和晶体管VT_2集电极对"地"电压）。将测量数据填入自制的表（可参考表2-9）中。

（2）动态测试　输入频率为1kHz的交流信号u_i。

1）差模动态测试：用示波器始终观察输入与输出信号，记录输入与输出信号之间的相位关系。分别测量差模动态数据，计算差模放大倍数。将测量数据填入自制的表（可参考表2-10）中。

2）共模动态测试：用示波器始终观察输入与输出信号，分别测量共模动态数据，计算共模放大倍数。将测量数据填入自制的表（可参考表2-11）中。

2.3.4　实验总结报告分析提示

1. 为什么电路在工作前需进行调零？
2. 通过实验总结比较两种差动放大电路的主要特点。
3. 将实测数据与理论估算值进行比较，分析产生误差的原因。
4. R_E值的提高受到什么限制？如何解决这一矛盾？

2.3.5 预习要求

1. 理论计算静态参数：设 RP 的滑动端在中点，晶体管的放大倍数 $\beta = 60$，$U_{BE} = 0.7\text{V}$，当输入端 A、B 均接地时，将计算出的静态值填入表 2-9 中。

2. 理论计算长尾式差动放大电路在单端输入、双端输出时的电压放大倍数 A_d，将计算的数值填入表 2-10 中。

2.3.6 注意事项

使用仪器设备一定要共"地"，即示波器、数字交流毫伏表、实验电路的"地"连在一起。

姓名：_____ 学号：_____ 班级：_____ 组号：_____ 同组同学：_____

2.3 实验原始数据记录

步骤1：

表2-9 长尾式差放电路静态数据

项目		参数		
		U_{BQ}/V	U_{EQ}/V	U_{CQ}/V
理论值				
实测值	VT_1			
	VT_2			

计算过程：

步骤2：

表2-10 长尾式差放电路动态数据

项目		u_i/mV	u_{o1}/V	u_{o2}/V	A_d	
单端输入	单端输出	100			$A_{d1}=u_{o1}/u_i=$	
					$A_{d2}=u_{o2}/u_i=$	
	双端输出				理论计算	$A_d=$
					测量计算	$A_d=(u_{o1}-u_{o2})/u_i=$

计算过程：

步骤3：

表2-11 长尾式差放共模动态数据

项目		u_i/mV	u_{o1}/mV	u_{o2}/mV	A_c	K_{CMRR}
共模输入	单端输出	500			$A_{c1}=u_{o1}/u_i=$	
					$A_{c2}=u_{o2}/u_i=$	
	双端输出				$A_c=(u_{o1}-u_{o2})/u_i=$	

计算过程：

步骤 4：
恒流源式差动放大电路实验自制表格：

实验记录：
_____
_____
_____

实 验 总 结

1. 为什么电路在工作前需要进行调零？

2. 通过实验总结比较两种差动放大电路的主要特点。

3. 将实测数据与理论估算值进行比较，分析产生误差的原因。

4. R_E 值的提高受到什么限制？如何解决这一矛盾？

5. 本次实验操作总结、实验体会或建议。

2.4 集成运算放大器应用（Ⅰ）——比例运算电路

2.4.1 实验目的

1. 掌握检查集成运算放大器好坏的方法。
2. 掌握集成运算放大器组成比例、求和运算电路的结构特点。
3. 掌握集成运算电路的输入与输出电压传输特性的测试方法。

2.4.2 原理说明

集成运算放大器（简称运放）是具有两个输入端、一个输出端的高增益、高输入阻抗的电压放大器。在它输入端和输出端之间加上反馈网络，则可实现各种不同的电路功能。集成运放的应用首先表现在它能构成各种运算电路，比例、求和运算电路是集成运算放大器的线性应用，在线性应用中分析电路遵循的原则："虚断"和"虚短"。

"虚断"：认为流入运算放大器两个净输入端的电流近似为 0（$i_P \approx i_N \approx 0$）。

"虚短"：认为运算放大器两个净输入端的电位近似相等（$u_P \approx u_N$）。

1. 反相比例运算电路

如图 2-11 所示，输出电压 u_O 与输入电压 u_I 的关系式为

$$u_O = -\frac{R_f}{R_1} u_I \tag{2-12}$$

电压放大倍数为 $A_{uf} = -\frac{R_f}{R_1}$；若 $R_f = R_1$，则 $A_{uf} = -1$ 为反相跟随器。

2. 同相比例运算电路

如图 2-12 所示，输出电压 u_O 与输入电压 u_I 的关系式为

$$u_O = \frac{R_f + R_1}{R_1} u_I \tag{2-13}$$

电压放大倍数为 $A_{uf} = 1 + \frac{R_f}{R_1}$；若 $R_1 \to \infty$，则 $A_{uf} = 1$ 为电压跟随器。

3. 反相求和电路

如图 2-13 所示，输出电压 u_O 与输入电压 u_{I1} 和 u_{I2} 的关系式为

$$u_O = -\left(\frac{R_f}{R_1} u_{I1} + \frac{R_f}{R_2} u_{I2}\right) \tag{2-14}$$

为了提高运算放大器的运算精度，一般运算放大器具有外部调零端，以保证运算放大器输入为 0 时，输出也为 0。在运放电路实验板上调零电路已经接好，使用时调节调零旋钮即可。

实验板上为运算放大器供电的直流电源为 ±12V，运算放大器输出不会大于电源电压，所以运算放大器的输出电压 u_O 在 −12V ~ +12V 之间。

4. 实验设备

模拟实验箱、示波器、万用表、集成运放。

2.4.3 实验内容

1. 检查运算放大器的好坏——开环过零

1) 运算放大器是有源器件,需要供电才能正常工作。为了给运算放大器供电,需要将实验箱里运算放大器实验板上的 +12V、-12V 和"地"接入实验箱左侧的直流电源 +12V、-12V 和"地"处。实验过程中不要拆掉此电源线。

2) 利用运算放大器开环放大倍数近似 ∞ (无限值),可检查运算放大器的好坏。如图 2-10 所示,将运算放大器的同相输入端 u_P 接地,反相输入端 u_N 悬空,测量输出电压 u_O;然后交换一下,将反相输入端 u_N 接地,同相输入端 u_P 悬空,再次测量输出电压 u_O。若运算放大器输出电压 u_O 分别为正、负饱和值,即开环过零,则该运算放大器基本上是好的,否则有问题。

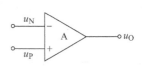

图 2-10 开环过零电路

3) 用数字万用表测量记录正、负饱和电压值 $+U_{OM}$ 和 $-U_{OM}$。

2. 反相比例运算电路

1) 按图 2-11 设计一个反相比例运算电路,要求其电压放大倍数为 -2,计算图中 4 个电阻的阻值。注意,模拟实验箱中电阻的阻值有 1kΩ、2kΩ、10kΩ、20kΩ、100kΩ 这 5 种。实验中输入电压 u_I 为直流电压信号(由模拟实验箱中直流信号源提供)。

2) 比例运算电路首先要进行闭环调零,消除内部误差。操作方法:当 $u_I=0$ 时,用万用表测量输出电压 u_O,调节运算放大器的调零电位器,使 $u_O=0$ 即可。后面同相比例、反相求和电路同样有闭环调零的问题,就不再重复说明了。

3) 按表 2-12 给定的 u_I 值,验证 $u_N \approx u_P$,将测量数据记录在表中。

4) 按表 2-13 给定的 u_I 值,验证反相比例运算电路的传输特性,测量 u_O 的值,将数据记录在表中,并计算理论值与实测值之间的绝对误差。

5) 根据实测数据,将反相比例运算电路的输入与输出传输特性曲线画在坐标图 2-14 中。

3. 同相比例运算电路

1) 按图 2-12 设计一个同相比例运算电路,要求其电压放大倍数为 3,计算图中 4 个电阻的阻值。输入电压 u_I 为直流电压信号。

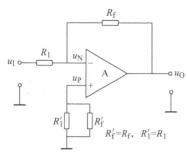

图 2-11 反相比例运算电路

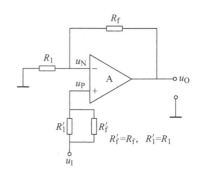

图 2-12 同相比例运算电路

2)闭环调零。

3)按表 2-12 给定的 u_I 值,验证 $u_N \approx u_P$,将测量数据记录在表中。

4)按表 2-14 给定的 u_I 值,测量 u_O 的值,将数据记录在表中,并计算理论值与实测值之间的绝对误差。

5)根据实测数据,将同相比例运算电路的输入与输出传输特性曲线画在坐标图 2-15 中。

4. 反相求和电路

1)按图 2-13 设计一个反相求和电路。设计要求:对 u_{I1} 输入的信号,电压放大倍数为 -1;对 u_{I2} 输入的信号,电压放大倍数为 -5。合理选择电路中 4 个电阻的阻值。注意,R' 可用可调电阻实现,并通过调零消除误差。

2)闭环调零。

3)按表 2-15 给定的 u_{I1}、u_{I2} 值,测量 u_O 的值,将数据记录在表中,并计算理论值与实测值之间的绝对误差。

4)图 2-13 不变,u_{I1} 为直流信号 $U_{I1} = +1V$,u_{I2} 提供正弦交流信号($U_{i2} = 0.5V$,$f = 1000Hz$),用示波器观察输入与输出波形,验证反相求和公式,并将波形画在坐标图 2-16 中。正确选择仪器仪表,精确测量 U_{I1}、U_{i2}、U_o 的值。

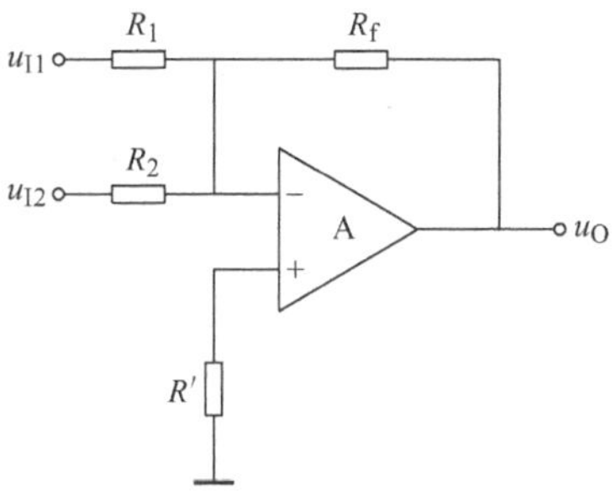

2.4.4 实验总结报告分析提示

1. 通过实验总结比较比例、求和电路的特点。总结使用运算放大器时应注意的主要问题。

图 2-13 反相求和电路

2. 整理实验数据表格,分析误差原因。

3. 根据实测数据画反相比例和同相比例电路的输入与输出传输特性曲线图(其横坐标为输入电压,纵坐标为输出电压),画反相求和电路的波形图。

4. 思考题:当表 2-14 中 u_I 大于等于 4V 时,u_O 会大于等于 12V 吗?u_I 小于等于 $-4V$ 时,u_O 会小于等于 $-12V$ 吗?为什么?

2.4.5 预习要求

1. 本实验所用的运算放大器为 μA741,请自行查阅运算放大器 μA741 的资料(实验指导书附录或上网),并完成下列任务:

1)画出 μA741(双列直插式封装)的引脚图,标明各引脚的定义。

2)该芯片的调零电位器一般是多少欧姆,怎么连接,请画出示意图。

3)写出运放 μA741 工作时的主要极限参数。

2. 阅读本实验内容以及与本实验有关的教材内容,完成反相比例运算电路、同相比例运算电路和反相求和电路的设计,并填写表 2-16。

3. 按公式计算出表 2-13 和表 2-14 中的输出电压 u_O 的理论值,并将其填入表中。

2.4.6 注意事项

1. 在实验前应先检查集成运放芯片是否插好，应将芯片的缺口方向向左，对准插座上的缺口插好。
2. 将实验电路的接地端与电源的接地端相连接。
3. 运算放大器正、负电源极性不能接错，输出端不能接"地"（输出端不能短路）。
4. 为了减小测量误差，测量直流 u_I 和 u_O 信号时，万用表应选能测出信号的最小量程。
5. 输入信号的"地"应与给运放供电的电源"地"接在一起。测量仪器，诸如示波器、数字交流毫伏表等的"地"也应与电源"地"接在一起。

姓名:_____ 学号:_____ 班级:_____ 组号:_____ 同组同学:_____

2.4 实验原始数据记录

步骤 1:

正饱和电压值:$+U_{OM}=$_____,负饱和电压值:$-U_{OM}=$_____。

步骤 2:

表 2-12 验证运算放大器"虚断和虚短"的数据表

电路形式	输入电压 u_I/V	运放反相端 u_N/V	运放同相端 u_P/V
反相比例	1		
同相比例	1		

计算过程:

步骤 3:

表 2-13 反相比例运算实验数据表

输入电压值 u_I/V		+6	+4	+2.5	+1	0	-1	-2.5	-4	-6
输出 u_O/V	理论值									
	实测值									
	计算绝对误差									

计算过程:

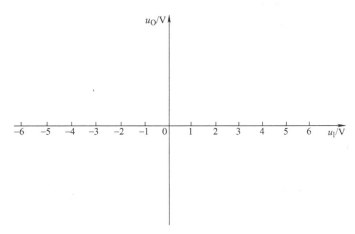

图 2-14 画反相比例运算电路输入与输出传输特性曲线

步骤 4：

表 2-14 同相比例运算实验数据表

输入电压值 u_I/V		+5	+4	+2.5	+1	0	−1	−2.5	−4	−5
输出 u_O/V	理论值									
	实测值									
	计算绝对误差									

计算过程：

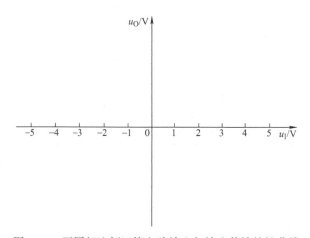

图 2-15　画同相比例运算电路输入与输出传输特性曲线

步骤 5：

表 2-15 反相求和实验数据表

输入信号	u_{I1}/V	+1	+1
	u_{I2}/V	−1	+1
输出 u_O/V	理论值		
	实测值		
	计算绝对误差		

计算过程：

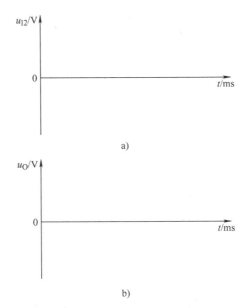

图 2-16 画反相求和电路波形

U_{I1} = _____, U_{i2} = _____, U_o = _____

实验记录:

实 验 预 习

表 2-16 选定正确的测量方法（正确的在方框内画√，错误的在方框内画×）

项　　目	测量方法
使用运算放大器	开环过零是检测运算放大器的好坏□； 闭环调零可以减少运算放大器比例运算电路中的误差□
用示波器观测信号，当信号中含有交、直流分量时	要显示全波形，选择 Y 轴耦合方式为："DC" 耦合□，"AC" 耦合□； 仅显示交流波形，选择 Y 轴耦合方式为："DC" 耦合□，"AC" 耦合□

实 验 总 结

1. 通过实验总结比较同相、反相比例电路的特点（输入电阻、输出电阻、比例系数等）。

（1）同相比例电路特点：

（2）反相比例电路特点：

2. 总结运算放大器使用时应注意的问题。

3. 整理实验数据表格，分析表 2-13、表 2-14 中的误差原因。

4. 思考题：当表 2-14 中 u_I 大于等于 4V 时，u_O 会大于等于 12V 吗？u_I 小于等于 $-4V$ 时，u_O 会小于等于 $-12V$ 吗？为什么？

5. 本次实验操作总结、实验体会或建议。

2.5 集成运算放大器应用（Ⅱ）——反相积分电路

2.5.1 实验目的

1. 掌握反相积分电路的结构和性能特点。
2. 验证积分运算电路输入与输出电压的函数关系。

2.5.2 原理说明

1. 反相积分电路

采用运算放大器构成的积分电路输入与输出电压之间的关系可为理想的积分特性，即积分电流为恒定。在图 2-17 中，反相输入端"虚地"，输入电流 $i_R = u_I/R$，因为运算放大器输入端几乎不取用电流（"虚断"），所以 $i_R = i_C$，积分电容 C 就以电流 $i_C = u_I/R$ 进行充电，假设电容器 C 初始电压为 0，则

$$u_O = -\frac{1}{RC}\int u_I \mathrm{d}t \qquad (2\text{-}15)$$

式（2-15）表明输出电压 u_O 为输入电压 u_I 对时间的积分，负号表示它们在相位上是相反的。

当输入信号为阶跃电压时，输出电压 u_O 与时间 t 成近似线性关系，即

$$u_O \approx -\frac{1}{RC}u_I t \qquad (2\text{-}16)$$

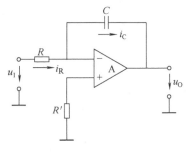

图 2-17 反相积分原理电路

式中，RC 为积分时间常数 τ。u_O 随时间 t 线性增大直到运算放大器进入饱和状态，u_O 保持不变，而停止积分。这种积分电路常用来作为显示器的扫描电路及模/数转换器等。在图 2-18 所示的实验电路中，输入信号 u_I 为负直流电压，S 为积分开关，当 S 合上时，$u_O = 0$，当 S 打开时，电容 C 开始充电，情况等同于输入信号为负向阶跃电压。

当输入信号 u_I 为交流正弦电压 $u_i = \sqrt{2}U_i\sin\omega t$ 时，则

$$u_O = \frac{\sqrt{2}}{\omega RC}U_i\sin(\omega t + 90°) \qquad (2\text{-}17)$$

由式（2-17）可知，输出电压 u_O 与输入电压 u_I 有 90°的相位差。当 u_I 为正弦波形时，u_O 对应为余弦波形，输出的幅值也有所变化。在实际电路中，输入为交变信号时，输出波形有可能出现失真，可在积分电容两端并联大电阻 R_f，R_f 阻值一般选为积分电阻 R 的 10 倍，其用途是改善波形出现失真的情况。

2. 实验设备

模拟电路实验箱、数字万用表、信号发生器、数字交流毫伏表、示波器、集成运放。

2.5.3 实验内容

1. 积分器输入为直流电压

1) "开环过零"检测运放的好坏。

2) 按图 2-18 接线，积分器输入电压 u_I 为直流信号 $U_I = -0.1\text{V}$（由实验箱上的直流信号源提供）。

3) 用数字万用表观测积分情况。将积分电路的开关 S 打开的同时，用数字万用表观测积分电压达到的最大值 $U_{O\max}$。

4) 用示波器观察积分波形。由于直流积分的波形是一次性的非周期性信号，故须将示波器的触发方式设置为"Single"，触发电平可设置为 3V。选择示波器输入通道为 DC 耦合方式。因为 u_O 朝正电压方向积分，所以将输入通道的 Y 轴零点调整至屏幕的下方。先将积分电路的开关 S 合上，让电容 C 放电，然后把积分开关 S 打开，并观察积分波形。将波形画在坐标图 2-20 中，并记录积分上升时间。

2. 积分器输入为交流正弦电压

1) 按图 2-19 接线，积分器输入电压 u_I 为正弦交流信号：$u_i = \sqrt{2}\,U_i\sin\omega t$（$U_i = 0.707\text{V}$，$f = 100\text{Hz}$）。

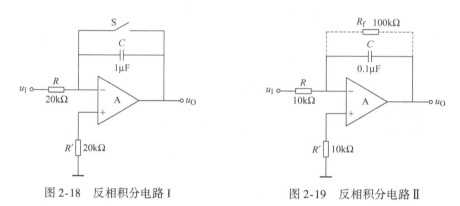

图 2-18 反相积分电路 I　　　　图 2-19 反相积分电路 II

2) 同时观察输入与输出的波形：当输出波形出现失真时，可在电容 C 两端并上一个 100kΩ 的电阻。将波形画在坐标图 2-21 中。示波器观测波形时，先校准两条零电平基线并使其重合，注意波形之间的相位关系及标注单位。

3) 请选择正确的仪器测量积分器输入和输出波形的有效值。

4) 使用数字示波器的光标测量输入和输出波形的相位差。

2.5.4 实验总结报告分析提示

1. 通过实验总结积分电路的特点。
2. 实测数据和理论估算值比较，并进行误差分析。
3. 积分器输入正弦交流信号时分析 u_i 与 u_o 之间的相位关系。
4. 思考题 1：当输入 u_I 为直流信号 $U_I = +0.1\text{V}$ 时，积分器输出会出现什么情况？
5. 思考题 2：当输入正弦交流信号的频率发生变化时，积分器的输出会出现什么变化（分析相位差、幅值、周期）？

2.5.5 预习要求

1. 阅读本实验内容。熟练掌握示波器的使用，试填写表 2-17。

2. 图 2-18 中,开关 S 由闭合到长时间打开,理论估算积分器输出电压 u_O 从 0 上升到最大值所用的时间 t_m(设:$U_I = -0.1$V,运算放大器的饱和输出电压 $U_{Om} = \pm 10$V)。

3. 图 2-19 中,当输入电压 u_I 为正弦交流信号 $u_i = \sqrt{2} U_i \sin\omega t$($U_i = 0.707$V,$f = 100$Hz)时,分析积分器输出端 u_O 的情况,理论估算输出信号的有效值 U_o。

姓名：_____ 学号：_____ 班级：_____ 组号：_____ 同组同学：_____

2.5　实验原始数据记录

步骤1：积分器输入为直流电压：将积分电路的开关S打开的同时，用数字万用表观测积分电压达到的幅值 U_{Omax} = _____。

步骤2：

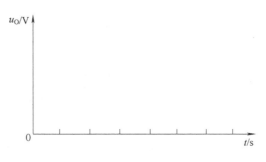

图2-20　画直流积分波形

积分上升时间：

步骤3：

　　u_i 有效值：_____

　　测量有效值的仪器：_____

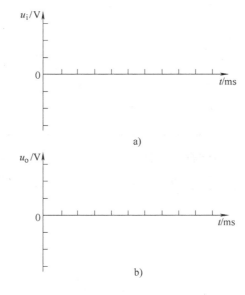

图2-21　画交流积分波形

　　u_o 有效值：_____

　　测量有效值的仪器：_____

　　输入和输出波形的相位差：_____

实验记录：

_____

_____

_____

_____

_____

_____

实 验 预 习

表 2-17　选定正确的测量方法（正确的在方框内画 √，错误的在方框内画 ×）

项　目	测量方法
图 2-18 中输入直流信号 $U_I = -0.1\text{V}$ 时，用示波器测积分波形	示波器的触发模式选择为 "Single" □； 示波器水平时基选择 "0.5s/DIV" 档□； 示波器水平时基选择 "2ms/DIV" 档□； 示波器 Y 轴灵敏度选择 "0.2V/DIV" 档□； 示波器 Y 轴灵敏度选择 "2V/DIV" 档□； 因输出电压是缓慢变化的信号，则选择输入耦合方式为 "DC" □； 因输出电压是缓慢变化的信号，则选择输入耦合方式为 "AC" □； 将输入通道 Y 轴零点调在显示屏的上方□； 将输入通道 Y 轴零点调在显示屏的下方□
图 2-19 中，输入正弦交流信号 $U_i = 0.707\text{V}$，$f = 100\text{Hz}$，用示波器观测两波形相位关系	示波器水平时基选择 "0.5s/DIV" 档□； 示波器水平时基选择 "2ms/DIV" 档□； U_i 是正弦交流信号有效值□； U_i 是正弦交流信号峰值□

1. 图 2-18 中，开关 S 由闭合到长时间打开，理论估算积分器输出电压 u_O 从 0 上升到最大值所用的时间 $t_m = $ _____。（设：$U_I = -0.1\text{V}$，运算放大器的饱和输出电压 $U_{Om} = \pm 10\text{V}$）。

计算过程：

2. 图 2-19 中，当输入电压 u_I 为正弦交流信号 $u_i = \sqrt{2}U_i\sin\omega t$（$U_i = 0.707\text{V}$，$f = 100\text{Hz}$）时，分析积分器输出端 u_O 的情况，理论估算输出信号的有效值 $U_o = $ _____。

计算过程：

实 验 总 结

1. 交流积分时,将积分器输出电压的实测数据和理论估算值比较,并进行误差分析。

2. 积分器输入正弦交流信号时分析 u_i 与 u_o 之间的相位关系。

3. 思考题1:当输入 u_I 为直流信号 $U_I = +0.1V$ 时,积分器输出会出现什么情况?

4. 思考题2:当输入正弦交流信号的频率发生变化时,积分器的输出会出现什么变化(分析相位差、幅值、周期)?

答:当输入正弦信号的频率增大时,积分器的输出会出现下列变化(在正确的答案后的括号内画√):

1)输出信号和输入信号的相位差:①不变(　　);②增大(　　);③减小(　　)。

2)输出信号幅值:①不变(　　);②增大(　　);③减小(　　)。

3)输出信号周期:①不变(　　);②增大(　　);③减小(　　)。

5. 本次实验操作总结、实验体会或建议。

2.6 集成运放的非线性应用电路——电压比较器、波形发生电路

2.6.1 实验目的

1. 熟悉单门限电压比较器、滞回比较器的电路组成特点。
2. 了解比较器的应用及测试方法。
3. 学习由运放组成的 RC 正弦波发生器和方波发生器工作原理及参数计算。
4. 学习用示波器观测波形。

2.6.2 原理说明

1. 电压比较器

（1）单门限电压比较器的主要特点　比较器是一种用来比较输入电压 u_I 和参考电压 U_{REF} 的电路。这时运放处于开环状态，具有很高的开环电压增益，当 u_I 在参考电压 U_{REF} 附近有微小的变化时，运放输出电压将会从一个饱和值跳变到另一个饱和值。把比较器输出电压 u_O 从一个电平跳变到另一个电平时相应的输入电压 u_I 值称为门限电压或阈值电压 U_{TH}。

当输入电压 u_I 从同相端输入，参考电压 U_{REF} 接在反相端，且只有一个门限电压时，称为同相输入单门限电压比较器。反之，当输入电压 u_I 从反相端输入，参考电压 U_{REF} 接在同相端时，称为反相输入单门限电压比较器。

图 2-22 所示的电路中，输出端 R 为稳压限流电阻，它与稳压管 VZ_1 和 VZ_2 组成输出双向限幅电路，使输出电压 $u_O = \pm U_Z = \pm 8V$。当同相输入端接参考电压 U_{REF}，反相输入电压 $u_I > U_{REF}$ 时，比较器输出电压 $u_O = -U_Z = -8V$；反相输入电压 $u_I < U_{REF}$ 时，比较器输出电压 $u_O = +U_Z = +8V$。

图 2-22 所示的电路中，若参考电压 $U_{REF} = 0$，这种比较器称为过零比较器。输入电压 u_I 在过零点时，输出电压 u_O 将要产生一次跳变。利用过零比较器可以把正弦波变为方波。

（2）滞回比较器的主要特点　单门限电压比较器虽然有电路简单、灵敏度高等特点，但其抗干扰能力差。滞回比较器具有滞回回环传输特性，使抗干扰能力大大提高。

图 2-23 所示为反相输入滞回比较器。图中运放同相输入端电压实际就是门限电压，根据输出电压 u_O 的不同值（高电平 U_{OH} 或低电平 U_{OL}），可求出两个门限电压 U_{T+} 和 U_{T-} 分别为

$$U_{T+} = \frac{R_1 U_{OH}}{R_1 + R_2} \tag{2-18}$$

$$U_{T-} = \frac{R_1 U_{OL}}{R_1 + R_2} \tag{2-19}$$

2. 波形发生电路

（1）RC 正弦波发生器　RC 正弦波发生器（也称文氏电桥振荡器）是在没有外加输入信号的情况下，依靠电路自激振荡而产生正弦波输出电压的电路。这个电路由两部分组成，即放大电路和选频网络。正弦波振荡应满足两个条件，即幅值平衡及相位平衡。

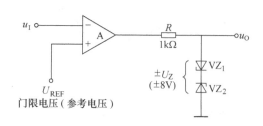

图 2-22 反相输入单门限电压比较器

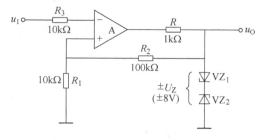

图 2-23 反相输入滞回比较器

图 2-24 所示电路，RC 选频网络形成正反馈系统，可以满足相位平衡条件，调节 RP 为满足幅值平衡条件得到放大电路电压放大倍数 $A_u = 3$。若 $A_u \gg 3$，则因幅值的增长，致使放大器工作在非线性区，波形将产生严重的失真（接近于方波）。

图 2-24 中的电路一般选择 $R_1 = R_2 = R$，$C_1 = C_2 = C$，此时正弦波振荡频率为

$$f = 1/(2\pi RC) \tag{2-20}$$

图 2-24 中的二极管为自动稳幅元件，当放大器输出电压 u_O 幅值很小时，二极管接近于开路，二极管与 R_F 组成的并联支路的等效电阻近似为 R_F，放大倍数 A_V 增加，$A_V > 3$，有利于起振；反之，输出电压 u_O 幅值很大时，二极管导通，二极管与 R_F 组成的并联支路的等效电阻减小，放大倍数 A_V 下降，输出电压 u_O 幅值趋于稳定。

（2）方波发生器　图 2-25 所示为一种常见的方波发生器，它是在滞回比较器的基础上，增加了由 RC 组成的积分电路。当运放反相端的电压与运放同相端的电压进行比较时，使运放输出端在正负饱和值间跳变。由于电容器上的电压不能跳变，只能由输出电压 u_O 通过电位器 RP 按指数规律向电容 C 充放电来建立。电容 C 两端的电压 u_C 接在运放反相端上，运放同相端电压为

$$u_P = \pm R_1/(R_1 + R_2) U_Z \tag{2-21}$$

输出端的电阻 R_3 和稳压管组成了双向限幅稳压电路，使输出电压限幅为 $\pm 8V$。

输出方波的周期为

$$T = 2R_F C \ln(1 + 2R_1/R_2) \tag{2-22}$$

方波波形高电平的持续时间与方波周期之比为占空比 q。

3. 实验设备

示波器、信号发生器、实验箱、万用表。

2.6.3　实验内容

1. 电压比较器

（1）单门限电压比较器　反相输入过零比较器。按图 2-22 接线，参考电压 $U_{REF} = 0V$，u_I 输入交流正弦信号（$U_i = 1V$，$f = 500Hz$），用示波器观察输入与输出波形，并画在坐标图 2-26 中。

（2）滞回比较器

1）按图 2-23 接线，u_I 输入交流正弦信号（$U_i = 1V$，$f = 500Hz$）。

2）用示波器观察输入与输出波形，并画在坐标图 2-27 中，且在坐标上标注比较器上限门电压 U_{T+} 和下限门电压 U_{T-} 的值。

3）使用示波器观察滞回比较器的电压传输特性曲线。此时示波器需设为 XY 模式（按示波器 Horizontal 区域的 "Acquire" 键，将 Time Mode 设为 XY），在此模式下，示波器将以 CH1 为 X 轴，CH2 为 Y 轴。电压传输特性曲线就是输出电压随输入电压变化的关系曲线，因此只要将滞回比较器的输入信号接示波器的 CH1 通道，输出信号接 CH2 通道，就可获得电压传输特性曲线。从电压传输特性曲线中读出比较器上限门电压 U_{T+} 和下限门电压 U_{T-} 的值，记录下来。

2. 波形发生电路

（1）RC 正弦波发生器

1）如果希望获得一个频率为 800Hz 的正弦波，图 2-24 所示电路中，已选择 $C_1 = C_2 = 0.1\mu F$，请计算 R_1 和 R_2 的值。按实验电路图 2-24 接线，用示波器观察输出波形 u_O，调节电位器 RP 使 u_O 为正弦波，且幅值最大。

2）用示波器测量 u_O 的幅值和周期，并将波形画在坐标图 2-28 上。

3）分别将电位器 RP 滑动端左右调整，用示波器观察 u_O 的波形变化并分析原因，将其填入表 2-18 中。

（2）方波发生器

1）方波发生器按图 2-25 接线，调节电位器 RP，用示波器观察 u_O 和 u_C 的波形（u_O 幅值、周期有无变化，是增加还是减小，计算占空比 q），将其填入表 2-19 中。

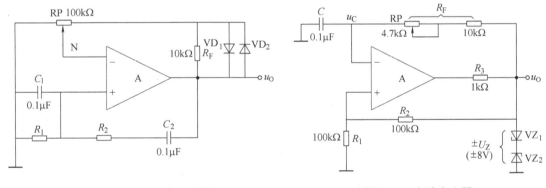

图 2-24 RC 正弦波发生器   图 2-25 方波发生器

2）当 $R_F = 10k\Omega$ 时，将 u_C 和 u_O 的波形对应画在坐标图 2-29 中。

2.6.4　实验总结报告分析提示

1. 通过实验总结电压比较器的工作原理。

2. 整理实验数据，在坐标纸上画出有关的波形图。将滞回比较器门限电压的理论值和实测值进行比较。

3. 思考题 1：在滞回比较器中，当 $U_{T-} < U_I < U_{T+}$ 时，比较器输出会出现什么情况？

4. 整理波形发生电路实验数据及绘制波形图，将波形周期的实测值与理论值进行比较，并分析误差原因。

5. 思考题 2：方波发生器（图 2-25）中 R_3 电阻的作用是什么？它的大小会对输出产生什么影响？

6. 思考题3：方波发生器（图2-25）中 u_C 波形充、放电的幅值由什么决定？充、放电的时间由什么决定？

7. 思考题4：RC 正弦波发生器（图2-24）中，电位器 RP 的作用是调节正弦波的频率吗？它的作用是什么？

2.6.5 预习要求

1. 阅读本实验内容及本实验有关的教材内容，了解由运算放大器组成电压比较器的工作原理，填写表2-20中的内容。了解波形发生电路的工作原理。

2. 理论计算图2-23所示电路中，上限门电压 U_{T+} 和下限门电压 U_{T-} $\left(U_{T+} = \dfrac{R_1 U_{OH}}{R_1 + R_2}\right.$，$\left. U_{T-} = \dfrac{R_1 U_{OL}}{R_1 + R_2}\right)$。

3. RC 正弦波发生器（图2-24）的输出振荡频率 $f_0 = 800\text{Hz}$，已选择 $C_1 = C_2 = 0.1\mu\text{F}$，请计算 R_1 和 R_2 的值。

4. 对于方波发生器（图2-25），当 $R_F = 10\text{k}\Omega$ 时，计算输出方波的周期 T。

✂ 姓名：_____ 学号：_____ 班级：_____ 组号：_____ 同组同学：_____

2.6 实验原始数据记录

步骤1：

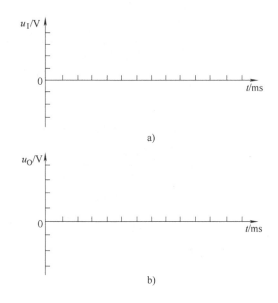

图 2-26 画反相输入单门限过零比较器波形（画 1.5 个周期）

步骤2：

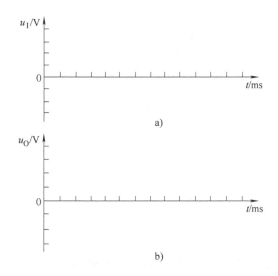

图 2-27 画反相输入滞回比较器波形（画 1.5 个周期）

步骤3：

观察滞回比较器的电压传输特性曲线，从中读出上限门电压 U_{T+}：_____ 和下限门电压 U_{T-}：_____。

步骤 4：

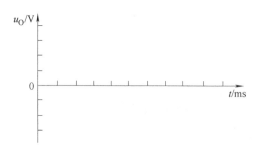

图 2-28　画 RC 正弦波发生器输出波形（画 1.5 个周期）

表 2-18　波形变化记录（一）

操作	输出电压 u_O 波形的变化	
	幅值	周期
RP 滑动端 N 左移		
RP 滑动端 N 右移		

步骤 5：

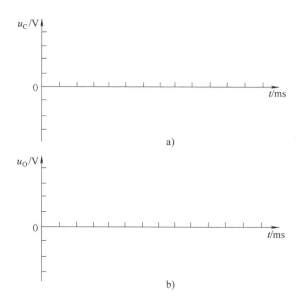

图 2-29　画方波发生器 u_C 和 u_O 的波形（画 1.5 个周期）

表 2-19　波形变化记录（二）

操作	输出电压 u_O 波形的变化		
	幅值	周期	占空比 q
RP 调大			
RP 调小			

✂ **实验记录：**

_____
_____
_____
_____
_____
_____

实 验 预 习

1) 理论计算图 2-23 所示电路中，门限电压 U_{T+} = _____ 和门限电压 U_{T-} = _____ $\left(U_{T+} = \dfrac{R_1 U_{OH}}{R_1 + R_2},\ U_{T-} = \dfrac{R_1 U_{OL}}{R_1 + R_2}\right)$。

计算过程：

2) RC 正弦波发生器（图 2-24）的输出振荡频率 f_0 = 800Hz，已选择 $C_1 = C_2$ = 0.1μF，请计算 R_1 = _____ 和 R_2 = _____。

计算过程：

3) 对于方波发生器（图 2-25），当 R_F = 10kΩ 时，计算输出方波的周期 T = _____。

计算过程：

表 2-20　选定正确的操作方法（正确的在方框内画√，错误的在方框内画×）

项　目	操作方法
运算放大器使用	运算放大器使用时须提供直流电源（±12V 和地）□； 运算放大器须检测好坏，方法是开环过零□； 电压比较器仍需要调零□
滞回比较器	利用滞回比较器将输入的正弦波转换为输出的矩形波，对输入信号幅值大小没有要求□

实 验 总 结

1. 通过实验总结电压比较器的工作原理。

2. 整理实验数据，将滞回比较器门限电压的理论值和实测值进行比较，并分析误差原因。

3. 思考题 1：在滞回比较器中，当 $U_{T-} < U_I < U_{T+}$ 时，比较器输出会出现什么情况？

4. 通过实验整理波形发生电路实验数据，将波形周期的实测值与理论值进行比较，并分析误差原因。

5. 思考题 2：方波发生器（图 2-25）中 R_3 电阻的作用是什么？它的大小会对输出产生什么影响？

6. 思考题 3：方波发生器（图 2-25）中 u_C 波形中充、放电的幅值由什么决定？充、放电的时间由什么决定？

7. 思考题 4：RC 正弦波发生器（图 2-24）中，电位器 RP 的作用是调节正弦波的频率吗？它的作用是什么？

8. 本次实验操作总结、实验体会或建议。

2.7 有源滤波电路

2.7.1 实验目的

1. 熟悉用运放、电阻和电容组成有源低通滤波、高通滤波、带通滤波和带阻滤波器。
2. 学会测量有源滤波器的幅频特性。

2.7.2 原理说明

对于信号的频率具有选择性的电路称为滤波电路。由 RC 元件与运算放大器组成的滤波器称为 RC 有源滤波器,其功能是让一定频率范围内的信号通过,抑制或急剧衰减此频率范围以外的信号,可用在信息处理、数据传输、抑制干扰等方面,但因受运算放大器频带限制,这类滤波器主要用于低频范围。根据对频率范围的选择不同,可分为低通、高通、带通与带阻四种滤波器,它们的幅频特性如图 2-30 所示。

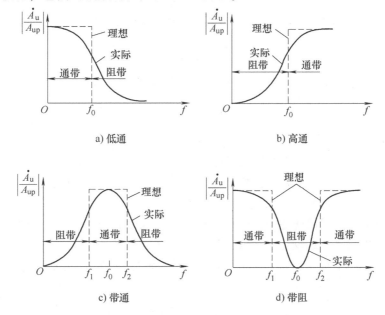

图 2-30 四种滤波电路的幅频特性示意图

具有理想幅频特性的滤波器是很难实现的,只能用实际的幅频特性去逼近理想。一般来说,滤波器的幅频特性越好,其相频特性越差,反之亦然。滤波器的阶数越高,幅频特性衰减的速度越快,但 RC 网络的阶数越高,元件参数计算越烦琐,电路调试越困难。任何高阶滤波器均可以用较低的二阶 RC 有源滤波器级联实现,因此掌握好二阶有源滤波器的组成和特性是学习滤波器的关键。

1. 低通滤波器(LPF)

低通滤波器用来通过低频信号,衰减或抑制高频信号。

图 2-31a 所示为典型的二阶有源低通滤波器。它由两级 RC 滤波环节与同相比例运算电路组成,其中第一级电容 C 接至输出端,引入适量的正反馈,以改善幅频特性。

图 2-31b 为二阶低通滤波器的幅频特性曲线。

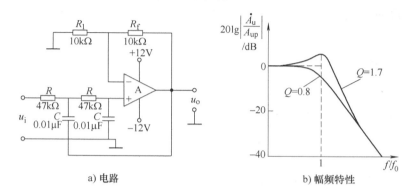

a) 电路　　　　b) 幅频特性

图 2-31　二阶低通滤波器

1) 二阶低通滤波器的通带增益，即

$$A_{up} = 1 + \frac{R_f}{R_1} \tag{2-23}$$

2) 截止频率 f_0：它是二阶低通滤波器通带与阻带的界限频率，即

$$f_0 = \frac{1}{2\pi RC} \tag{2-24}$$

3) 品质因数 Q：它的大小影响低通滤波器在截止频率处幅频特性的形状，即

$$Q = \frac{1}{3 - A_{up}} \tag{2-25}$$

2. 高通滤波器（HPF）

与低通滤波器相反，高通滤波器用来通过高频信号，衰减或抑制低频信号。

只要将图 2-31a 所示低通滤波电路中起滤波作用的电阻、电容互换，即可变成二阶有源高通滤波器，如图 2-32a 所示。高通滤波器性能与低通滤波器相反，其频率响应和低通滤波器是"镜像"关系，仿照低通滤波器分析方法，不难求得高通滤波器的幅频特性。

电路性能参数 A_{up}、f_0、Q 各量的含义同二阶低通滤波器。

图 2-32b 为二阶高通滤波器的幅频特性曲线，它与二阶低通滤波器的幅频特性曲线有"镜像"关系。

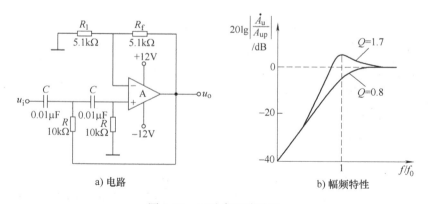

a) 电路　　　　b) 幅频特性

图 2-32　二阶高通滤波器

3. 带通滤波器（BPF）

带通滤波器的作用是只允许在某一个通频带范围内的信号通过，而比通频带下限频率低和比上限频率高的信号均加以衰减或抑制。

典型的带通滤波器可以将二阶低通滤波器的其中一级改成高通而成，如图 2-33a 所示，图 2-33b 为二阶带通滤波器的幅频特性曲线。

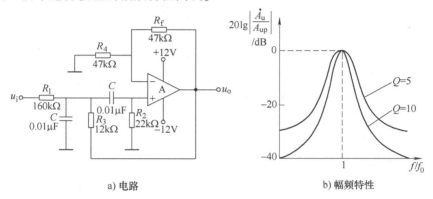

a) 电路   b) 幅频特性

图 2-33 二阶带通滤波器

电路性能参数如下：

1）通带增益：

$$A_{up} = \frac{R_4 + R_f}{R_4 R_1 CB} \tag{2-26}$$

2）中心频率：

$$f_0 = \frac{1}{2\pi}\sqrt{\frac{1}{R_2 C^2}\left(\frac{1}{R_1} + \frac{1}{R_3}\right)} \tag{2-27}$$

3）通带宽度：

$$B = \frac{1}{C}\left(\frac{1}{R_1} + \frac{2}{R_2} - \frac{R_f}{R_3 R_4}\right) \tag{2-28}$$

4）选择性：

$$Q = \frac{\omega_0}{B} \tag{2-29}$$

此电路的优点是改变 R_f 和 R_4 的比例就可改变频宽而不影响中心频率。

4. 带阻滤波器（BEF）

如图 2-34a 所示，带阻滤波电路的性能和带通滤波器相反，即在规定的频带内，信号不能通过（或受到很大衰减或抑制），而在其余频率范围，信号则能顺利通过。图 2-34b 为二阶带阻滤波器的幅频特性曲线。

在双 T 网络后加一级同相比例运算电路就构成了基本的二阶有源带阻滤波器。

电路性能参数如下：

1）通带增益：

$$A_{up} = 1 + \frac{R_f}{R_1} \tag{2-30}$$

2）中心频率：

$$f_0 = \frac{1}{2\pi RC} \tag{2-31}$$

3）通带宽度：

$$B = 2(2 - A_{\text{up}})f_0 \tag{2-32}$$

4）选择性：

$$Q = \frac{1}{2(2 - A_{\text{up}})} \tag{2-33}$$

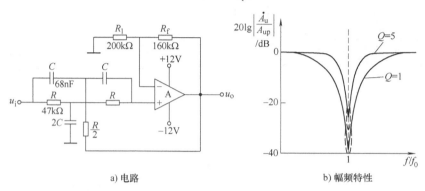

图 2-34 二阶带阻滤波器

5. 实验设备

±12V 直流电源、信号发生器、双踪示波器、交流毫伏表。

2.7.3 实验内容

1. 二阶低通滤波器

实验电路如图 2-31a 所示。

1）粗测：接通 ±12V 电源。u_i 接信号发生器，令其输出为 $U_i = 1V$ 的正弦波信号，在滤波器截止频率附近改变输入信号频率，用示波器或交流毫伏表观察输出电压幅度的变化是否具备低通特性，如不具备，应排除电路故障。

2）在输出波形不失真的条件下，选取适当幅度的正弦输入信号（$U_i = 400\text{mV}$），在维持输入信号幅度不变的情况下，逐点改变输入信号频率，测量输出电压 U_o，填入表 2-21 中，描绘幅频特性曲线。

2. 二阶高通滤波器

实验电路如图 2-32a 所示。

1）粗测：输入为 $U_i = 1V$ 的正弦波信号，在滤波器截止频率附近改变输入信号频率，观察电路是否具备高通特性。

2）测绘高通滤波器的幅频特性曲线，填入表 2-22 中。

3. 带通滤波器

实验电路如图 2-33a 所示，测量其频率特性，填入表 2-23 中。

1）实测电路的中心频率 f_0。

2）以实测中心频率 f_0 为中心，测绘电路的幅频特性。

4. 带阻滤波器

实验电路如图 2-34a 所示。

1) 实测电路的中心频率 f_0。
2) 测绘电路的幅频特性,填入表 2-24 中。

2.7.4 实验总结报告分析提示

1. 整理实验数据,分别在图 2-35 ~ 图 2-38 中画出各电路实测的幅频特性。
2. 根据实验曲线,计算截止频率、中心频率、带宽及品质因数。
3. 总结有源滤波电路的特性。
4. 说明品质因数的改变对滤波电路频率特性的影响。
5. 为什么高通滤波器的幅频特性在频率很高时,其电压增益会随频率升高而下降?

2.7.5 预习要求

1. 复习教材有关滤波器内容。
2. 分析图 2-31 ~ 图 2-34 所示电路,写出它们的增益特性表达式。
3. 计算图 2-31、图 2-32 的截止频率,计算图 2-33 和图 2-34 的中心频率。

姓名：_____ 学号：_____ 班级：_____ 组号：_____ 同组同学：_____

2.7 实验原始数据记录

步骤 1：

表 2-21 幅频特性（二阶低通滤波器）

f/Hz	20	200	300	400	500	600	700	$f_{0(二阶)}=$	$10f_0=700$
U_o/V									

步骤 2：

表 2-22 幅频特性（二阶高通滤波器）

f/Hz									
U_o/V									

步骤 3：

表 2-23 幅频特性（带通滤波器）

f/Hz									
U_o/V									

步骤 4：

表 2-24 幅频特性（带阻滤波器）

f/Hz									
U_o/V									

实验记录：

_____
_____
_____
_____
_____

实 验 总 结

1. 分析图 2-31～图 2-34 所示电路，写出它们的增益特性表达式。

2. 计算图 2-31、图 2-32 的截止频率，计算图 2-33 和图 2-34 的中心频率。

3. 整理实验数据，分别在图 2-35 ~ 图 2-38 中画出各电路实测的幅频特性。

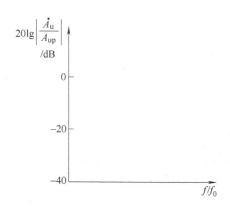

图 2-35　二阶低通滤波器幅频特性

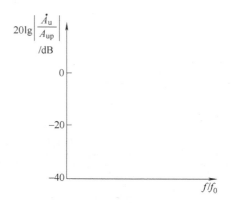

图 2-36　二阶高通滤波器幅频特性

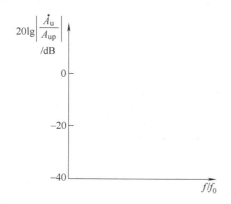

图 2-37　二阶带通滤波器幅频特性

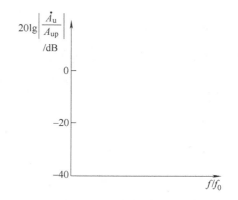

图 2-38　二阶带阻滤波器幅频特性

4. 根据实验曲线，计算截止频率、中心频率、带宽及品质因数。

5. 总结有源滤波电路的特性。

6. 说明品质因数的改变对滤波电路频率特性的影响。

7. 为什么高通滤波器的幅频特性在频率很高时,其电压增益会随频率升高而下降?

8. 本次实验操作总结、实验体会或建议。

2.8 直流稳压电源电路

2.8.1 实验目的

1. 验证单相桥式整流及加电容滤波电路中输出直流电压与输入交流电压之间的关系，并观察它们的波形。
2. 了解测量直流稳压电流的主要技术指标。
3. 学习集成稳压块的使用方法。
4. 掌握示波器和交流毫伏表的使用方法。
5. 了解直流稳压电源的实际应用：许多电子设备内部均有直流稳压电源，应用广泛。

2.8.2 原理说明

电子设备一般都需要直流电源供电。这些直流电除了少数直接利用干电池和直流发电机外，大多数是采用把交流电（市电）转变为直流电的直流稳压电源。

直流稳压电源由电源变压器、整流、滤波和稳压电路四部分组成，其原理框图如图2-39所示。电网供给的交流电压 u_1（220V/50Hz）经电源变压器降压后，得到符合电路需要的交流电压 u_2，然后由整流电路变换成方向不变、大小随时间变化的脉动电压 u_3，再用滤波器滤去其交流分量，就可得到比较平直的直流电压 u_4。但这样的直流输出电压还会随交流电网电压的波动或负载的变动而变化。在对直流供电要求较高的场合，还需要使用稳压电路，以保证输出直流电压更加稳定。

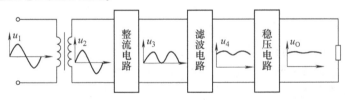

图 2-39 直流稳压电源框图

1. 单相桥式整流、加电容滤波电路

在图 2-40 所示电路中，单相桥式整流是将交流电压通过二极管的单相导电作用变为单方向的脉动直流电压。单相桥式整流电路负载上的直流电压 $U_3 = 0.9 U_2$。

加电容滤波电路是通过电容的能量存储作用，降低整流电路含有的脉动部分，保留直流成分。负载上的直流电压随负载电流增加而减小，纹波的大小与滤波电容 C 的大小有关，RC 越大，电容放电速度越慢，则负载电压中的纹波成分越小，负载上平均电压越高。在图 2-40所示电路中，当 C 值一定，$R_L = \infty$（空载）时，$U_3 \approx 1.4 U_2$；当接上负载 R_L 时，$U_3 \approx 1.2 U_2$。

2. 集成稳压块稳压电路

由于集成稳压电源具有体积小、外接线路简单、使用方便、工作可靠和具有通用性等优点，因此在各种电子设备中应用十分普遍。集成三端稳压器是一种串联型稳压器，内部设有过热、过电流和过电压保护电路。它只有三个外引出端（输入端、输出端和公共地端），将

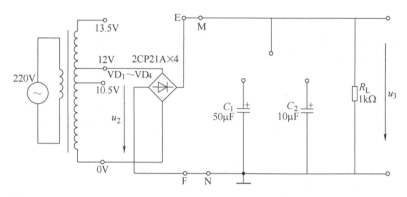

图 2-40 整流滤波电路

整流滤波后的不稳定的直流电压接到集成三端稳压器输入端（U_I），经三端稳压器后在输出端（U_O）得到某一值的稳定的直流电压。

常用的三端集成稳压器有输出电压固定式和可调式两种。固定式稳压器只有输入、输出和公共引出端，正电压输出的为 78×× 系列，负电压输出的为 79×× 系列，其外形如图 2-41 所示。

输出固定电压集成稳压器，其输出电压共分为 5～24V 7 个档。例如，7805、7806、7909 等，其中字头 78 表示输出电压为正值，字头 79 表示输出电压为负值，后面数字表示输出电压的稳压值。其输出电流最大为 1.5A（必须带散热器）。

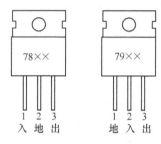

图 2-41 固定三端稳压器的外形图

固定三端稳压器常见应用电路如图 2-42 所示。

为了保证稳压性能，使用三端稳压器时，输入电压与输出电压相差至少 2V 以上，但也不能太大，太大则会增大器件本身的功耗以至于损坏器件。使用时在输入与公共端之间、输出端与公共端之间分别各并联一个电容，用来实现频率补偿，防止稳压器产生高频自激振荡和抑制电路引入高频干扰。

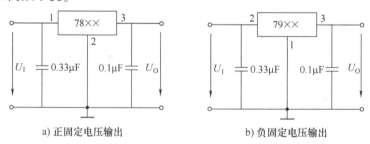

a) 正固定电压输出 b) 负固定电压输出

图 2-42 固定三端稳压器常见应用电路

3. 稳压电路技术指标

1) 稳压电路技术指标分两种：一种是特性指标，包括允许的输入电压、输出电压、输出电流及输出电压调节范围等；另一种是质量指标，用来衡量输出直流电压的稳定程度，包括稳压系数、输出电阻及纹波电压等。

2) 稳压系数 γ：常用输出电压和输入电压的相对变化之比来表征稳压性能，稳压系数

γ 越小，输出电压越稳定。其定义为 $\gamma = \dfrac{\Delta U_O / U_O}{\Delta U_I / U_I}$。

3) 输出电阻 R_O：$R_O = \dfrac{\Delta U_O}{\Delta I_O}$。输出电阻反映输出电流 I_O 变化对输出电压 U_O 的影响。

4) 纹波电压 $U_{O(\sim)}$：稳压电路输出端交流分量的有效值，一般为毫伏数量级，它表示输出电压的微小波动。

4. 实验设备

模拟实验箱、双踪示波器、交流毫伏表、万用表、三端稳压器 W7806。

2.8.3 实验内容

1. 单相桥式整流滤波电路

1) 按图 2-40 连接电路，u_2 接到变压器二次侧的 12V 端子上。

2) 用示波器观察输出电压 u_3 的波形，同时用万用表分别测出 U_2（交流有效值）和 U_3（直流平均值）的大小，该项实验分三种情况进行，见表 2-26。

注意：

① 每次改接电路时，必须切断电源。

② 在观察输出电压 u_3 波形的过程中，Y 轴垂直衰减旋钮位置调好以后不要再变动，否则将无法比较各波形的脉动情况。

2. 三端集成稳压电路

图 2-43 所示为用三端集成稳压块 W7806 等组成的输出固定 +6V 的稳压电路。

其中整流、滤波和稳压电路的组成方法是：图 2-40 中的 C_1、C_2 和 R_L 不接，仅保留整流电路部分。再将整流电路的输出端 E、F 对应接至图 2-42a 的输入端 1、公共端 2。这样就构成了一个完整的稳压电路。用示波器观察输出端电压 u_O 的波形。

3. 测试稳压电路（三端集成稳压电路）**质量指标**

（1）测量稳压系数 γ（又称电压稳定度） $U_2 = 12\text{V}$，负载电阻 $R_L = 20\Omega$，测量对应的输入电压 U_I 和输出电压 U_O 的值。

注意：测量 U_O 时，因考虑到电流表的内阻，所以测量电压表笔要放在电流表前面，如图 2-43 所示。

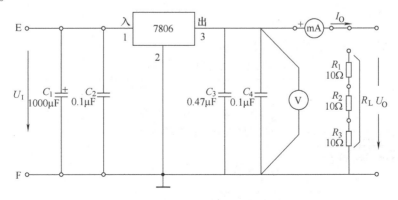

图 2-43　三端集成稳压电路

当 U_2 电压变化时,输出电压会随之改变,由此检查稳压电路的电压稳定度,即分别测量 $U_2 = 12V$、$U_2 = 13.5V$、$U_2 = 10.5V$ 时所对应的输入电压 U_I 和输出电压 U_O 的值,并将测量数据填入表 2-27 中。

(2) 测量外特性及纹波电压 $U_{O(\sim)}$　电路同图 2-43,当 $U_2 = 12V$ 时,改变负载电阻 R_L 的大小,并逐次测量各个对应 I_O、U_O 和纹波电压 $U_{O(\sim)}$ 值(用交流毫伏表测量 $U_{O(\sim)}$ 得到交流分量的有效值),并将数据填入表 2-28 中(当 I_O 接近满量程 500mA 时,电流表在电路中测量时间要短,否则易损坏表)。

2.8.4　实验总结报告分析提示

1. 在整流桥后为什么要加滤波电路?
2. 分析单相桥式整流滤波电路中电容的改变对纹波电压有何影响。
3. 整理实验数据表格,分别计算稳压电源的稳压系数 γ、输出电阻 R_O 的值。
4. 由表 2-28 中 I_O、U_O 的测量数据,在图 2-44 中画出外特性曲线,即 $U_O = f(I_O)$ 的关系曲线。

2.8.5　预习要求

1. 阅读本实验内容,复习与本实验有关的课程内容。
2. 计算输出电压 U_3 的理论估算值,并填入表 2-26 中。
3. 熟悉示波器、万用表和交流毫伏表的正确使用方法,并填写表 2-29。

2.8.6　注意事项

1. 连接电路时一定区分好哪条线是"零"线,哪条线是"地"线,切勿连在一起,将它们混淆。在观测波形时,必须将示波器与实验板电路共"地"(黑夹子接"地")。
2. 当观察信号既有交流分量,又有直流分量时,"Y 轴输入耦合"应放在"DC"档上,并调整好显示屏上 Y 轴零点。
3. 正确选择仪表及其量程。特别注意区分电路哪些是交流量,哪些是直流量,以便正确选用电表。为防止使用不当烧坏万用表,本次实验要求:测量交、直流电压用数字式万用表,测量纹波电压用交流毫伏表。

2.8.7　故障分析

实验中常见的故障现象及可能原因见表 2-25。

表 2-25　实验常见故障分析

故障现象	故障分析
无输出直流电压	变压器二次侧无输出;桥式整流器损坏;滤波电容击穿损坏;三端稳压器损坏;输出电流过大保护电路使输出压降为 0
变压器二次侧烧坏,输出电压为 0	可能桥式整流器中某二极管接反
输出电压减少 1/2	可能桥式整流器中某二极管断路

姓名：_____ 学号：_____ 班级：_____ 组号：_____ 同组同学：_____

2.8 实验原始数据记录

步骤 1：

表 2-26 单相桥式整流、加电容滤波电路实验数据

项目	参数			
	U_2/V	U_3/V		u_3 波形图（示意图）	U_3/U_2（计算）
		理论值	实测值		
桥式整流不加电容滤波	12			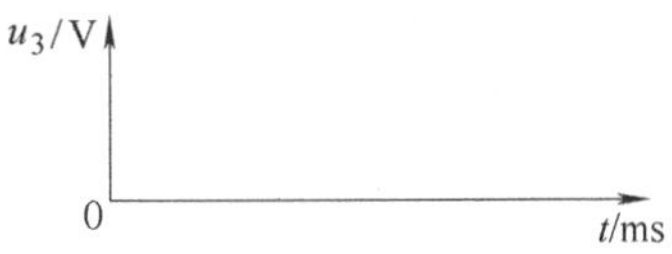	
桥式整流加 10μF 电容滤波	12			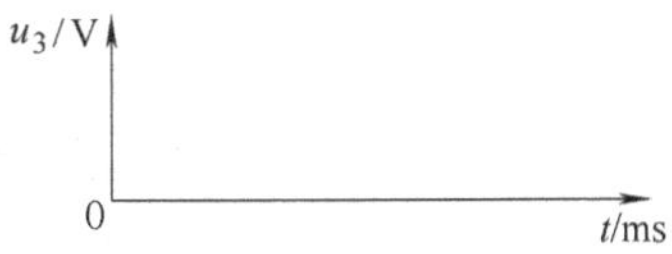	
桥式整流加 50μF 电容滤波	12			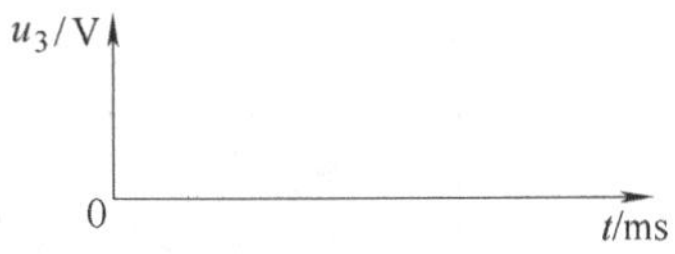	

计算过程：

步骤 2：

表 2-27 稳压系数测量数据（测试条件 $R_L = 20\Omega$）

U_2/V	U_I/V	U_O/V	$\gamma = \dfrac{\Delta U_O/U_O}{\Delta U_I/U_I}$
12			
13.5			
10.5			

步骤 3：

表 2-28　外特性及纹波电压测量数据

R_L/Ω	∞（空载）	30	20	10
I_O/mA				
U_O/V				
$U_{O(\sim)}/\text{mV}$				

实验记录：

实 验 预 习

表 2-29　选定正确的测量方法（正确的在方框内画√，错误的在方框内画×）

项　目	测量方法
用示波器观测波形	仅观测波形的交流分量时示波器 Y 轴耦合方式选"AC"□； 观测波形中的交、直流分量时示波器 Y 轴耦合方式选"DC"□； 如果不调示波器 Y 轴零点，能观测到波形的直流分量□
实验电路图 2-40 中，测量仪表的选用	用万用表交流电压档测 U_2□； U_2 是交流电压有效值□； 用万用表直流电压档测 U_3□； U_3 是直流电压平均值□
实验电路图 2-43 中，测量仪表的选用	用万用表直流电压档测 U_1□； U_1 是直流平均值□； 用万用表直流电压档测 U_O□； U_O 是直流平均值□； 测 I_O 电流用指针万用表，使用时表串在电路中□； 同时测量输出电压和电流时，电压表要放在电流表前面□； 用交流毫伏表测纹波电压 $U_{O(\sim)}$，单位是毫伏级□

实 验 总 结

1. 在整流桥后为什么要加滤波电路？

2. 分析单相桥式整流滤波电路中电容的改变对纹波电压有何影响。

3. 整理实验数据表格，分别计算稳压电源的稳压系数 γ、输出电阻 R_O 的值。

4. 根据表 2-27 中 I_O、U_O 的测量数据，在图 2-44 中画出外特性曲线，即 $U_O = f(I_O)$ 的关系曲线。

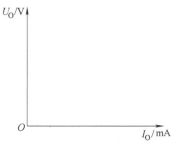

图 2-44　画外特性曲线

5. 本次实验操作总结、实验体会或建议。

2.9 互补对称功率放大电路（OCL 电路）

2.9.1 实验目的

1. 学习互补对称功率放大器输出功率、效率的测量方法，加深对互补对称功率放大器工作原理的理解。
2. 观察互补功率放大器的交越失真现象，了解克服交越失真的方法。

2.9.2 原理说明

1. 互补对称功率放大器

功率放大器和电压放大器所要完成的任务是不同的，电压放大器的主要要求是在负载得到不失真的电压信号，讨论的主要指标是电压放大倍数、输入电阻和输出电阻等，输出功率并不一定大；而功率放大器则不同，它主要的要求是获得不失真（或较小失真）的输出功率，讨论的主要指标是输出功率、电源提供的功率，由于要求输出功率大，因此电源消耗的功率也大，就存在效率指标。

1）简单的互补对称功率放大器（也称 OCL 电路）：如图 2-45 所示，电路中，VT_1 和 VT_2 分别为 NPN 型管和 PNP 型管，当输入信号处于正弦信号正半周时，VT_2 截止，VT_1 承担放大作用，有电流通过负载 R_L；当输入信号处于正弦信号负半周时，VT_1 截止，VT_2 承担放大作用，仍有电流通过负载 R_L，输出电压 u_o 为完整的正弦波。这种互补对称电路实现了在静态时管子不取电流，由于电路对称，所以输出电压 $u_o = 0$，而在有信号时，VT_1 和 VT_2 轮流导通，组成互补式电路。图 2-45 所示的偏置电路是克服交越失真的一种方法，静态时，在二极管 VD_1、VD_2 上产生的压降为 VT_1 和 VT_2 提供了适当的偏压，使之处于微导通状态。

2）输出功率 P_o：输出功率用输出电压有效值 V_o 和输出电流有效值 I_o 的乘积来表示。设输出电压的幅值为 V_{om}，则 $P_o = V_o I_o = \dfrac{V_{om}}{\sqrt{2}} \dfrac{V_{om}}{\sqrt{2} R_L} = \dfrac{1}{2} \dfrac{V_{om}^2}{R_L}$。若忽略管子的饱和压降，其最大输出功率为 $P_{om} \approx \dfrac{1}{2} \dfrac{V_{CC}^2}{R_L}$。

3）直流电源提供的功率 P_V：当 $u_i = 0$ 时，$P_V = 0$；当 $u_i \neq 0$ 时，$P_V = \dfrac{2V_{CC} V_{om}}{\pi R_L}$。当输出电压幅值达到最大，即 $V_{om} \approx V_{CC}$ 时，直流电源提供的最大功率为 $P_{Vm} = \dfrac{2V_{CC}^2}{\pi R_L}$。

4）根据效率的定义，在理想情况下为 $\eta = \dfrac{P_o}{P_V} = \dfrac{\pi}{4} \dfrac{V_{om}}{V_{CC}}$，当 $V_{om} \approx V_{CC}$ 时，则 $\eta = \dfrac{P_o}{P_V} = \dfrac{\pi}{4} = 78.5\%$，实际上由于管子的饱和压降，实际效率比这个数值要低些。

5）集成运放与晶体管组成的 OCL 功率放大器：如图 2-46 所示，它是很实用的音响功率放大电路。其中，运放 A 组成驱动器，晶体管 $VT_1 \sim VT_4$ 组成复合式互补对称电路，R_L 是音响的扬声器。交流信号的工作过程与简单的互补对称功率放大器类似。

2. 实验设备

数字扫频信号发生器、双踪示波器、交流毫伏表、万用表。

2.9.3 实验内容

1. 简单的 OCL 电路

1）按图 2-45 所示电路接线，经检查无误后接通直流电源。

2）静态测试：按表 2-30 要求的静态值内容，测量电路的静态工作点，并填入表中。

3）动态测试：输入端输入频率 1kHz、有效值 1V 的正弦信号 u_i，用示波器观察输出电压 u_o 的波形。

逐步增大输入信号的幅度，直至输出电压幅度最大，而无明显失真时为止。这时为最大不失真电压。用交流毫伏表分别测出这时 U_i 和 U_o 的值，填入表 2-30 中。

根据公式算出最大不失真输出功率 P_o（**注意**：式中 V_o 为最大不失真输出电压的有效值）。

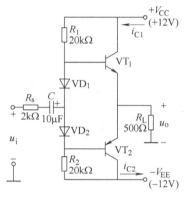

图 2-45 简单的 OCL 电路

输出仍保持为最大不失真电压，这时在电路中串入直流电流表测量 I_{C1}，电流表测得的电流即为电源 $+V_{CC}$ 给 VT_1 提供的平均电流，由于电路对称，$-V_{EE}$ 给晶体管 VT_2 提供的电流 I_{C2} 与 I_{C1} 相等。根据 V_{CC} 和 I_{C1} 可算出两个电源提供的总功率：$P_V = 2V_{CC}I_{C1}$。由 P_o 和 P_V 可得出 OCL 电路在 U_o 为最大不失真输出时的效率 η。

4）去掉二极管 VD_1、VD_2，将晶体管 VT_1 和 VT_2 的基极直接相连，用示波器观察 u_o 的波形，可看到输出波形出现交越失真，画失真的波形于坐标图 2-47 中。

2. 集成运放与晶体管组成的 OCL 功率放大器

1）按图 2-46 所示电路接线。

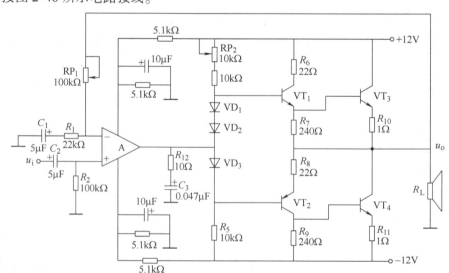

图 2-46 集成运放与晶体管组成的 OCL 功率放大器

2)静态测试:验证静态时功率放大器的输出端对地电位应为 0,即验证静态时运算放大器的输出 $U_O = 0$。电路的静态工作点主要由 I_O 决定,I_O 过小会使晶体管 VT_2 和 VT_4 工作在乙类状态,输出信号会产生交越失真,I_O 过大会增加静态功耗使功率放大器效率降低。可调节电位器 RP_2,使 $I_O = 1 \sim 2\text{mA}$,以使晶体管 VT_2 和 VT_4 工作在甲乙类状态。

3)动态测试:将功率放大器输入端 u_i 输入 1kHz 交流信号,用示波器观察输出电压 u_o 的波形。

逐步增大输入信号的幅度,直至输出电压幅度最大,而无明显失真时为止。

输出信号如产生交越失真,可调节细微电位器 RP_2。

输出信号如产生高频自激,可改变 R_{12}、C_3 的取值,R_{12}、C_3 称为消振网络,一般 R_{12} 为几十欧,C_3 为几千皮法至几百微法。

调节电位器 RP_1,可改变负反馈的深度,观察输出电压的波形有何变化。调出最大不失真电压,用交流毫伏表分别测出这时 U_i 和 U_o 的值。

2.9.4 实验总结报告分析提示

1. 通过实验总结整理实验数据。
2. 分析产生交越失真的原因及解决方法。
3. 对实验中观察到的问题作出回答和解释。
4. 自拟测量集成运放与晶体管组成的 OCL 功率放大器的数据表格。

2.9.5 预习要求

1. 复习互补对称功率放大器的工作原理,阅读本实验内容。
2. 复习乙类互补对称功率放大器产生交越失真的原因及其克服方法。
3. 了解互补对称功率放大器输出功率 P_o、直流电源提供的功率 P_V、效率 η 的计算方法。

✂ 姓名：_____ 学号：_____ 班级：_____ 组号：_____ 同组同学：_____

2.9　实验原始数据记录

步骤 1：

表 2-30　OCL 电路指标测试

静　态　值			动　态　值					
U_{BEQ1}/V	U_{BEQ2}/V	U_{EQ}/V	U_i/V	U_o/V	计算值 P_o/W	I_{C1}/A	计算值 P_V/W	计算值 η/%

计算过程：

步骤 2：

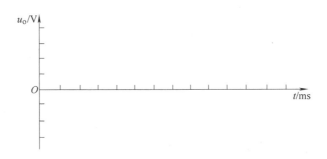

图 2-47　画出现交越失真的波形

实验记录：

_____
_____
_____
_____
_____
_____
_____

实 验 总 结

1. 分析产生交越失真的原因及解决方法。

2. 对实验中观察到的问题做出回答和解释。

3. 自拟测量集成运放与晶体管组成的 OCL 功率放大器的数据表格。

4. 本次实验操作总结、实验体会或建议。

第 3 章　随课口袋实验

口袋设备（本教材使用硬木课堂"易派"）是一种新型的实验教学设备，通过与个人计算机结合并配合其上位机软件，可实现包括电源、信号源、示波器等在内的几种常用虚拟仪器设备，以相对较低的成本构建出功能完备的个人电子实验室。以此平台为基础，非常有利于开展个性化、开放式的实践教学。

本章主要介绍随课口袋实验内容——开放式应用实例，其中包括口袋设备的基本操作和使用说明、分立元件晶体管的应用实例和集成运放为主的综合应用设计实例等内容。"随课"的含义：这部分实验的布置和评价由理论教学环节完成，将和本书前面的实验章节形成互补，实验内容的分析与思考紧密结合理论课程的知识点，以期有效地提升学生在实践中深入学习模电的兴趣并拓展相关的课外科技活动。

开放式应用实例，将借助晶体管和集成运放的实际应用电路，旨在讲解各种常用模拟电路模块的工作原理及功能；熟悉这些电路模块有助于实现真正个性化、自主开放式应用实例的综合设计，并为后续学生参加课外科技活动奠定硬件设计和调试的实践基础。

3.1　口袋实验设备

3.1.1　口袋实验设备的组成框架

1. 结构布局（只介绍模拟信号部分）

由于口袋实验设备更新较快，这里介绍的硬木课堂"易派"EPI-LITE104 结构布局并不能涵盖所有型号，但口袋设备大同小异，基本都有相似的框架组成和结构布局——电源、信号源、示波器和面包板，模拟信号处理有时候也会用到蜂鸣器，如图 3-1 所示。

2. 面包板简介

面包板通常分为电源区和元器件区，如图 3-2a 所示，上面有很多孔，便于线和芯片的插入。孔的连接金属夹片做在塑料壳子里面，所以使用前要了解这些孔的内部连接方式，如图 3-2b 所示，电源区的实线表示孔之间是连接在一起的。

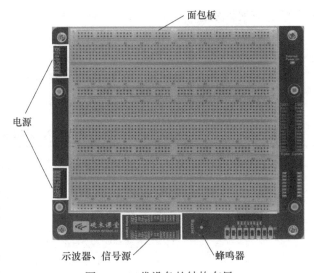

图 3-1　口袋设备的结构布局

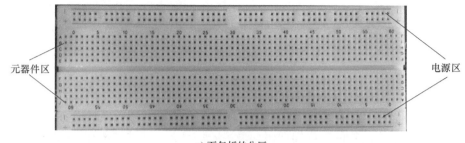

a) 面包板的分区

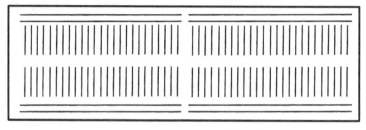

b) 面包板的内部连接方式

图 3-2　面包板

在使用时，首先要将口袋设备的电源，比如图 3-1 中的 +5V 端口用导线连接至面包板的电源区域，然后提供给元器件，这一点要引起注意——初用口袋设备时，容易误认为面包板不需要和电源连接，就自带电源了。另外，还需要注意以下几点：

1）很细的线插入会导致插不紧，影响电路连接；

2）过粗的线强行插入会损坏面包板；

3）推荐使用专用的面包板实心线，线分为不同颜色，方便区别；

4）线路走直角，尽量减少交叉，如图 3-3 所示，如果是杜邦线，则无法做到这个要求。

3. 口袋设备输入/输出接口的详细定义及说明

口袋设备各功能区域的具体介绍见表 3-1。

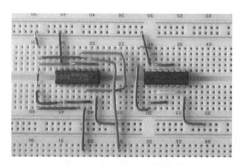

图 3-3　正确的布线方式

表 3-1　口袋设备输入/输出接口定义和说明

模拟信号功能		指　　标	备　　注
电源	±12V	额定电流 ±75mA	这些输出默认处于关断状态，需要在软件中使能
	±5V	+5V：+300mA；-5V：-100mA	
	3.3V	额定电流 300mA	
信号源	HSS	（有些型号不含这个接口）高速信号源，输出正弦波 -1dB 带宽 >1MHz，输出阻抗为 50Ω，输出信号幅度为 5mVpp~10Vpp，可用于信号源、扫频仪	
	S1、S2	信号源输出通道 1 和 2，双通道同步 12 位直接数字频率合成（DDS），输出正弦波 -1dB 带宽 >60kHz，输出阻抗 50Ω，输出信号幅度为 5mVpp~10Vpp，步进为 5mV，可用于信号源	

(续)

模拟信号功能		指　标	备　注
示波器	AIN1、AIN2、AIN3、AIN4	模拟输入通道1、2、3、4，4通道12位5MSPS同步采样，输入阻抗为1MΩ，最大输入信号为±25V，输入-3dB带宽>1MHz，可用于示波器、频谱图和扫频仪	

3.1.2　口袋实验设备的安装与连接

口袋实验设备正常工作，需要首先在计算机上完成驱动和应用程序的安装，之后通过专用数据线连接口袋设备和计算机，共同实现虚拟仪器的各项功能。

1. 驱动安装

（1）Win10系统不需安装驱动，直接跳至软件安装即可。

（2）将压缩包"易派驱动安装"解压后得到三个文件夹和安装说明文件，如图3-4所示。

图3-4　安装文件夹

（3）选择操作系统文件夹 Win7、WinXP 或 Win8：

1）如果是32位的操作系统，双击并安装 dpinst_x86.exe；

2）如果是64位的操作系统，双击并安装 dpinst_amd64.exe。

（4）插上易派，Windows 会扫描并安装对应的驱动文件，易派在设备驱动器中会被识别为一个虚拟串口，如图3-5所示。

（5）如果 Windows 提示驱动安装不成功，或上位机无法找到易派，请参考后面的"驱动安装常见问题"。

2. 软件安装

（1）在压缩包 "Electronics Pioneer Vx.xx.rar" 解压后得到程序文件夹；双击安装包中的 setup.exe，即可以开始安装过程，如图3-6所示。

图3-5　虚拟串口　　　　　　　　图3-6　双击安装文件

（2）**注意**：安装过程中请关闭杀毒软件，或者选择信任（如果杀毒软件或 Windows 提示未知发布商等信息）；接受 NI 的许可证文件，如图3-7所示。

　　　　　　　　a)　　　　　　　　　　　　　　　　　b)

图 3-7　安装弹窗

（3）首次安装时，需要安装 Labview 的运行支持文件，此过程耗时较长，如图 3-8 所示。

（4）如果上位机程序有新版本发布，需要升级，请在"程序与功能"中找到 Electronics Pioneer，如图 3-9 所示；先卸载旧版本文件，然后安装新版本。注意不需要卸载 NI Labview 相关软件。

3. 软件主界面

（1）在桌面快捷方式—开始菜单—所有应用中找到 Electronics Pioneer 的程序快捷方式，如图 3-10 所示。

图 3-8　安装过程中的弹窗

图 3-9　程序与功能中卸载旧版本　　　　　图 3-10　开始菜单中的快捷方式

（2）单击程序图片，可以启动主界面。

（3）插入易派，上位机软件会识别到插入的设备型号和其固件号，如图 3-11 所示，此时可以选用所需的仪器。

如果没有识别到设备和固件，一般是驱动程序没有安装成功，请参考下面的"驱动安装常见问题"。

4. 驱动安装常见问题

如果插入易派后，主界面上没有检测到设备，如图 3-12 所示，通常都是因为设备驱动没有安装成功。

常见驱动安装问题（通过设备管理器可以定位）如下：

（1）插上易派，但是在设备管理器中没有发现设备，或被 Windows 识别为 "unknown device"，这种情况代表 USB 枚举失败，多是硬件问题，请尝试更换 USB 线缆、更换 USB 口

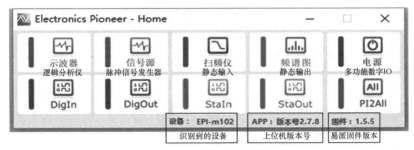

图 3-11　软件主界面

图 3-12　未识别出设备时的显示弹窗

（台式机请使用后置的 USB 口，它们是直接焊接在主板上的，信号质量和供电能力都比前置的好），或者更换易派，看看是哪一部分的硬件出了问题。

（2）在设备管理器中显示为带有叹号的 STM32 Virtual COM Port，如图 3-13 所示。

1）如 WinXP 提示 INF 的服务安装段落无效，或 Win7 以上操作系统提示无法找到合适的驱动，请首先检查操作系统是否是 Ghost 版本的 Windows 系统，精简的 Ghost 系统会删掉一些专业的系统文件，请尝试下面的步骤。

打开 "驱动安装方法" 压缩包中 "Ghost 版 Windows 缺失的系统文件" 文件夹，选择对应的操作系统：

① 复制 mdmcpq.inf 到 C:\Windows\inf，如有同名文件，请选择覆盖；
② 复制 usbser.sys 到 C:\Windows\System32\drivers，如有同名文件，请选择覆盖；
③ 重新拔插易派，Windows 应能查找并安装对应的驱动程序；
④ 如果 Windows 没有反应，请按照上面的步骤重新安装驱动或执行下面的步骤。

2）在带有叹号的设备上单击 "更新驱动程序软件"，如图 3-14 所示。

图 3-13　未正常识别时的显示弹窗　　　图 3-14　更新驱动程序软件

3）单击 "浏览计算机以查找驱动程序软件"，如图 3-15 所示。

4）驱动文件路径请指向在驱动安装时解压出的文件夹 "易派驱动安装"，勾选 "包括子文件夹",单击"下一步"按钮,安装驱动,如图 3-16 所示。

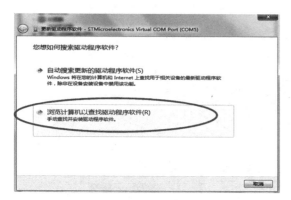

图 3-15　查找驱动程序软件

图 3-16　驱动安装程序所在路径

（3）此情况比较少见：在设备管理器中显示为带有叹号的 STMicroelectronics Virtual COM Port（COMxx），通常是 Windows 的驱动程序数字签名阻止了设备正常运行，请设置"禁用驱动程序强制签名"。图 3-17 为设备管理器的显示弹窗。

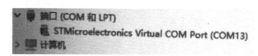

图 3-17　设备管理器的显示弹窗

5. 口袋实验设备的连接

请使用配套 USB 线缆连接计算机和口袋设备，电缆接口处如图 3-18 所示。

注意：建议采用 USB3.0 口来获得对外供电时更大的输出电流。

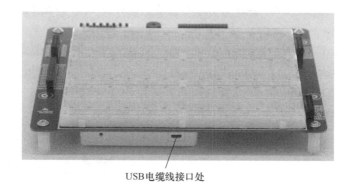

USB 电缆线接口处

图 3-18　实验平台底部的虚拟仪器

3.1.3　口袋实验设备的基本操作

开始操作前，请确认口袋设备已经和计算机连接，主界面打开后能正确识别到易派硬件型号和对应的固件号，如图 3-19 所示。

1. 电源的使用

单击主界面上的电源 Power 按钮，如图 3-19 所示，打开对外供电主界面；单击"打开外部电源"按钮，如图 3-20 所示；排针上的 ±12V、±5V 和 3.3V 开始输出，同时通过易派

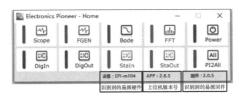

图 3-19　正确识别口袋设备时的显示窗口

Logo 来表征输出功率大小（不同颜色代表不同的输出功率级别，如图 3-21 所示，绿色（第 1 档）、黄色（第 2 档）、橙色（第 3 档）、红色（第 4 档））对应的输出电流见表 3-2，过电流保护（超出额定电流）如图 3-22 所示。

图 3-20　打开外部电源

图 3-21　第 1 档输出功率

表 3-2　电源输出的具体参数及额定电流

参　　数	数　　值	参　　数	数　　值
输出电压值	±12V、±5V、3.3V	3.3V 额定电流	200mA
±12V 额定电流	±75mA	短路保护	有
±5V 额定电流	+150mA、-100mA	输出功率监测	粗监测

2. 信号源和示波器的使用

这里采用将口袋实验设备的信号源和示波器直接相连，如图 3-23 所示，以便快捷有效地掌握两部分的基本操作。

图 3-22　过电流保护

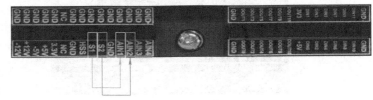

图 3-23　S1 和 AIN1 直连、S2 和 AIN2 直连

（1）打开示波器 Scope 和信号源 FGEN，会出现其相应的操作界面，如图 3-24a、b 所示。

（2）启动示波器和信号源

单击示波器界面的"启动"按钮，如图 3-25 所示；单击信号源的电源开关，打开 S1、S2，如图 3-26 所示。

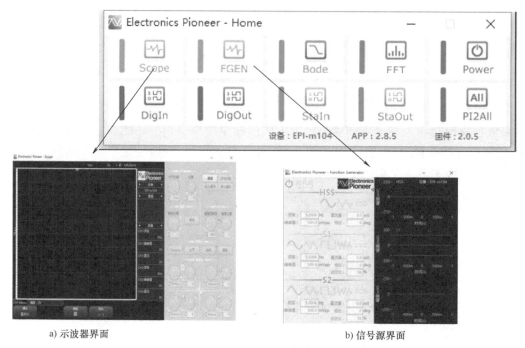

a) 示波器界面　　　　　　　　　　b) 信号源界面

图 3-24　虚拟仪器操作界面

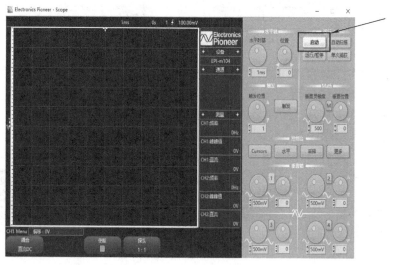

图 3-25　单击"启动"按钮

(3) 示波器和信号源显示

示波器默认仅开启通道 1，水平时基 1ms，1 通道垂直灵敏度 500mV，如图 3-27 所示。

信号源 S1 默认输出正弦波，频率为 5kHz，直流量为 0mV，峰峰值为 500mVpp，如图 3-28 所示。

(4) 调节示波器控制参数获得合适的波形显示（见图 3-29）

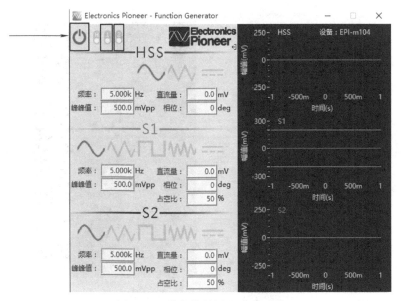

图 3-26　单击信号源和通道开关

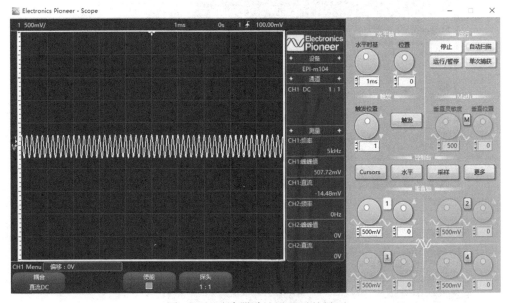

图 3-27　示波器默认设置时的界面

① 单击示波器通道 2 按钮，开启通道 2 显示，如图 3-29 所示；
② 调节示波器通道 1 和 2 的垂直灵敏度到 100mV 档；
③ 滚动通道 1 位置旋钮将通道 1 波形上移，滚动通道 2 位置旋钮将通道 2 波形下移（注意利用鼠标中键的滚动来获得更好的体验，参见 3.1.4 小节）；
④ 调节水平时基为 100μs。
（5）示波器的自动扫描和通道控制（见图 3-30 和图 3-31）

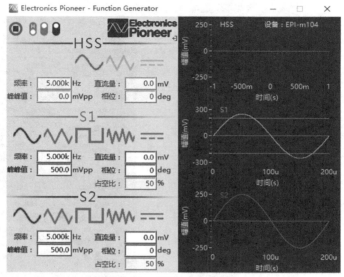

图 3-28　信号源默认设置

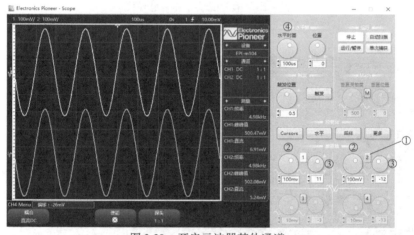

图 3-29　开启示波器其他通道

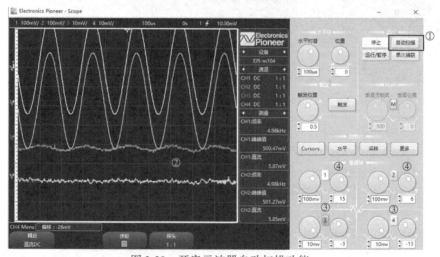

图 3-30　开启示波器自动扫描功能

① 也可以通过单击"自动扫描"按钮获得波形，如图 3-30 所示；
② 通道 3 和通道 4 由于没有接入信号，示波器上会显示这两个通道上耦合的噪声（由于示波器是高阻输入，容易拾取噪声）；
③ 可以双击通道 3 和通道 4 按钮，关闭 3 通道和 4 通道显示，如图 3-31 所示；
④ 再调节 1、2 通道到合适的位置。

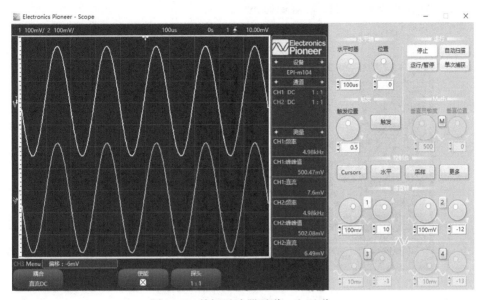

图 3-31　关闭示波器通道 3 和通道 4

（6）信号源的调节

信号源需要设定的主要参数有信号类型、信号频率、信号峰峰值、信号直流分量和双通道信号的相对相位关系，如图 3-32 ~ 图 3-34 所示。

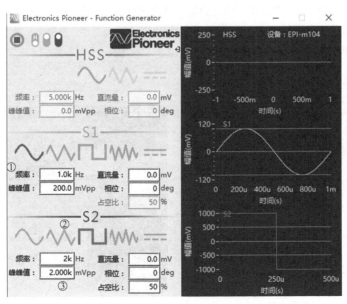

图 3-32　信号源参数调节界面

① 改变通道 1 正弦信号的频率为 1kHz，峰峰值为 200mVpp，如图 3-32 所示；

② 改变通道 2 信号类型为方波，如图 3-33 所示；

③ 改变通道 2 方波信号的频率为 2kHz，峰峰值为 2000mVpp；

④ 练习：调节示波器参数以获得稳定的信号显示，如图 3-34 所示。

图 3-33　信号源类型

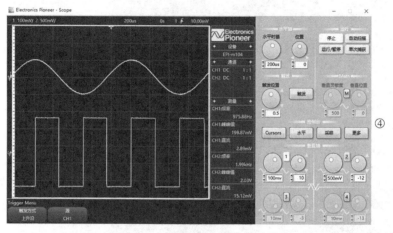

图 3-34　示波器稳定的信号显示

3.1.4　口袋设备示波器的进阶操作

1. 自动测量参数

易派一共有 6 个测量显示窗口，每个窗口可以选择各个通道的各个待测量的值：使用鼠标右键单击各个测量窗口，会弹出供选的值（通道可选，待测量也可选）。

电压相关的测量，如图 3-35 所示。

时间相关的测量，如图 3-36 所示。

图 3-35　电压测量选项

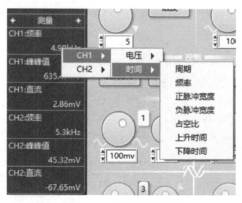

图 3-36　时间测量选项

2. 触发的调节

（1）CH1 通道的调节（见图 3-37）

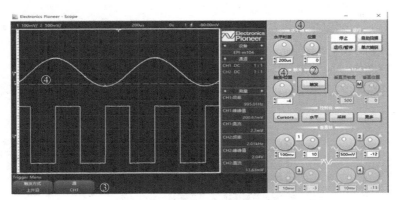

图 3-37　示波器 CH1 的触发调节

① CH1 输入为 1kHz 正弦波，峰峰值为 200mVpp，直流量为 0；CH2 输入为 2kHz 方波，峰峰值为 2Vpp。

② 单击"触发"按钮，如图 3-37 所示。

③ 二次菜单栏中出现触发相关的设置，当前触发源为 CH1。

④ 滚动"触发位置"旋钮，一条带有黄色标签 T 的虚线在屏幕上下移动，黄色标签 T 代表当前触发通道为 CH1。

⑤ 将虚线移出 CH1 正弦信号的范围，观察正弦信号开始滑动。

⑥ 将虚线移入 CH1 正弦信号的范围，正弦信号稳定在屏幕上。

（2）CH2 通道的调节（见图 3-38）

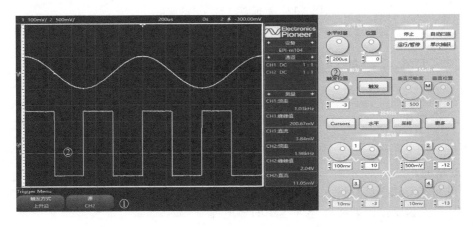

图 3-38　示波器 CH2 的触发调节

① 在二次菜单栏中选择触发源为 CH2，如图 3-38 所示。

② 此时滚动"触发位置"旋钮，一条带有蓝色标签 T 的虚线在屏幕上下移动，蓝色标签 T 表示触发通道为 CH2。

③ 调节 CH2 触发位置，观察 CH1 和 CH2 是否能够稳定在屏幕上。

④ 发现触发源选择为 CH2 时，即使 CH2 稳定触发了，CH1 也无法稳定。这是因为 CH2 的频率是 CH1 的 2 倍，CH2 的上升沿可能对应 CH1 的上升沿，也可能对应 CH1 的下降沿，导致即使 CH2 稳定，CH1 的波形也无法稳定。

⑤ 因此，在观察两路频率成整数倍的同源信号时，应使用慢的信号作为触发源，确保两路信号都能稳定触发。

3. 鼠标右键和中键的妙用

所有的旋钮都可以用鼠标中键的滚轮来操作——用上下滚动鼠标中键来模拟旋钮的转动，如图 3-39 所示。

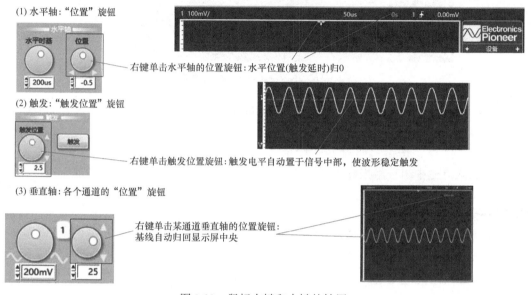

图 3-39　鼠标右键和中键的妙用

3.2　口袋实验——非线性元件的性能

3.2.1　实验目的

1. 通过实例电路建立非线性元件二极管、晶体管的感性认识，重点了解其外特性——工作条件和性能。

2. 通过实例电路了解线性元件和非线性元件的不同特点，其中包括电容——线性元件（储能作用）、二极管——非线性元件（单向导电性）、晶体管——非线性元件（开关特性）。

3. 通过电路的搭建和调试，熟悉口袋设备的操作，并初步掌握硬件电路参数设计的思路和方法。

3.2.2　原理说明

1. 电路图及工作原理

搭建如图 3-40 所示的电路。电路虽然简单，但是它包含了电容、发光二极管和晶体管等几种不同特点的元器件。根据电路图，首先分析它的工作过程和原理。

闭合按钮 S，电源对电容 C 充电，其两端电压升高，使得晶体管 VT 处于饱和导通状态，发光二极管 VL 被点亮。断开 S，电容 C 放电，其两端电压逐渐降低，导致晶体管 VT 截止，发光二极管 VL 熄灭。在电路工作过程中，晶体管 VT 的 C 极和 E 极之间可等效为一个开关。

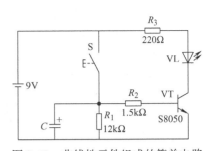

图 3-40 非线性元件组成的简单电路

请思考下面的问题：

电阻 R_2 和 R_3 是不是任意阻值都能使电路正常工作？如果不能，需要根据什么原则来确定电阻的阻值？

2. 电阻的参数选择及设计过程

下面介绍电阻 R_3 和 R_2 的设计思路及其阻值的选择过程。

（1）电阻 R_3

电阻 R_3 是限流电阻，其主要作用是在 VT 导通时，保证发光二极管 VL 能够被点亮，所以 VL 的工作电流是确定电阻 R_3 阻值的依据。VL 的工作电流在 5~20mA，工作电压大多数在 1.8~2V（白光及蓝光发光二极管的工作电压为 3~3.7V）。确定了 VL 的工作电压之后，限流电阻的大小如何计算呢？这里虽然晶体管有很小的饱和管压降，但是可忽略不计，所以剩下的工作就交由欧姆定律解决了。

（2）电阻 R_2

电阻 R_2 的阻值大小，要保证按钮 S 闭合时，晶体管 VT 工作在饱和状态，这是设计依据。假设发光二极管 VL 的工作电流是 20mA，此时需要知道晶体管 VT 的放大倍数 β（假设为 100），根据晶体管的电流放大原理，计算出基极临界饱和电流 $I_B = 0.2$mA，而此电路要求晶体管工作在饱和状态，所以电阻 R_2 应保证基极电流为 0.5mA 左右，此时 R_2 上的压降为 9V − 0.7V = 8.3V，电阻 R_2 的大小就计算出来了。

实际电阻很难找到和理论计算完全相同的标称值，所以取最接近的电阻阻值即可。

3.2.3 实验内容

请仔细阅读 3.1 节口袋设备的相关内容简介，尤其是面包板的使用注意事项，然后按照图 3-40 在面包板上搭建电路并调试成功。

初次接触实际硬件电路，认真细心很重要，因为排查故障主要靠自己！记住：求人不如求己，特别是面对凌乱的接线，别人更是无从帮你。

1. 硬件调试注意事项

（1）各元器件引脚要识别准确，保证元件之间的连接要正确。

（2）电路的参考点需要接口袋设备上的地 GND。

（3）晶体管工作在开关状态下，称为无触点开关，也是电路调试的重点。

（4）9V 电压需要由 12V 分压产生，或者直接使用口袋设备上的 5V 电压。

（5）如果没有按钮，可以用导线代替。

（6）电位器的使用——两侧引脚之间是整个电阻，中间的引脚是滑动触点，接线时先从两侧的任一个引脚接入，然后再从中间引脚引出，即可得到变化的电阻阻值。

(7) 如果电路没有正常工作,需要借助万用表,从电源供电端开始,依次测量各点电压,看是否和理论推导分析一致,以此判断是哪里出了问题。

2. 测量内容

(1) 必做:按钮 S 闭合时,测量表 3-3 中的电压及电位,并填写在表 3-4 中。

表 3-3　测量数据

VL 两端电压	B 极电位	C 极电位	E 极电位

结合上述测量出的电压和电位值,给出理论值与实验结果的分析对比。

(2) 将 VL 反接,观察管子是否发光,体验它的单向导电性。

(3) 更换不同容值大小的 C,观察 VL 持续点亮的时间长短。

(4) 选做:理论计算推导出能够使电路正常工作时的电阻 R_3 和 R_2 的取值范围,并实际测量,记录测量值,总结实验结果。

3.2.4　实验报告

1. 记录表 3-4 所示测量内容(延时时间最长的电容值 $C = $ _____)

表 3-4　测量发光二极管导通电压及晶体管电极电位

测试内容	LED 两端电压	基极 B 电位	集电极 C 电位	发射极 E 电位
测量值				
理论值				

理论值和测量值对比及误差原因分析:

_____

_____

_____

2. 思考并回答下列问题

(1) 在断开 S 之后,发光二极管 VL 并不会立刻熄灭,而是会延续一定时间,该时间的长短和哪些参数有关?

_____

_____

(2) 电路工作中,电阻 R_1 起什么作用?

_____

_____

3. 调试过程中遇到的问题及解决办法

_____

_____

_____

_____

4. 选做:请分析计算电路正常工作时电阻 R_3 和 R_2 的取值范围,并实际测试,记录测量值于表 3-5 中,总结实验结果。

表 3-5 电阻值的可选范围

电阻	R_2 下限	R_2 上限	R_3 下限	R_3 上限
理论值				
测量值				

3.3 口袋开放式实验——分立元件晶体管应用设计实例

这里的分立元件也称为半导体分立器件,从结构和用途上来看,分立器件是包括二极管、晶体管、功率晶体管以及其他半导体器件的统称。在模拟电路中,由于信号频率不同,功率大小不同,以及集成电路制造技术的局限性导致其内部制作大阻值电阻及大容量电容、电感、变压器难以实现,因此分立元件电路仍有一席之地,广泛应用在电子产品、计算机和网络通信等领域,所以掌握其应用依然是必要的。

本节将分立元件晶体管的应用实例按照其工作状态,分为两类:信号放大——测谎仪、传声器、扬声器和多媒体音箱电路;开关应用——门铃电路、流水彩灯电路。

对于这些应用实例,随课口袋实验选做其一即可,每一个应用实例按照模块式的框架来介绍,这些模块电路是通用的,可以应用在不同的领域和场合。在口袋设备面包板上搭建这些电路,为了抑制干扰,请优先安排元器件直接相连,尽量少用导线,然后进行调试和测量,初步培养硬件电路的故障排查能力,同时回答思考题,对电路进行定性和定量分析。在实践中回顾和总结模电课程的知识点,完成从理论到实践的落地、再从实践提升至理论的循环学习。

3.3.1 简易测谎仪

3.3.1.1 实验目的
1. 了解晶体管的工作状态,学习用晶体管设计简单实用电路。
2. 通过设计简易测谎仪电路,学会用仿真软件进行调试和运行。
3. 掌握硬件电路搭建过程中的基本实践技能。
4. 掌握互补音频振荡电路模块的工作原理及设计。

3.3.1.2 原理说明
绝大多数人在说谎时,会发生一系列植物神经系统功能的变化,检测这些变化可反映被测者当时是否说谎。测谎一般从三个方面测定一个人的生理变化,即脉搏、呼吸和皮肤电阻(简称"皮电")。其中,皮电最敏感,人在说谎的时候,此电阻值会改变,可以作为测谎的主要依据。下面介绍一个简易测谎仪电路，用来测量皮肤电阻，如图3-41所示。

人在紧张的情况下，人体电阻值会随之变小，图3-41中用电位器RP等效代替人体电阻，晶体管VT_1和VT_2构成互补音频振荡电路。开关S_1闭合后，晶体管VT_2导通，3V电源通过VT_2发射结、电阻R_1和RP向电容C_1充电。随着电容两端电压升高，晶体管VT_1导通，C_1反向充电。不同电阻RP对应不同的振荡频率，人在说谎的时候，心里紧张，汗腺分泌增加，人体电阻RP减小，振荡频率升高，扬声器音调变高，从而辨别是否说谎。

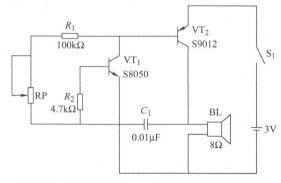

图3-41　简易测谎仪——互补音频振荡电路模块

3.3.1.3　实验内容及分析思考

在口袋设备的面包板上搭建图3-41所示电路，为了抑制干扰，请优先安排元器件直接相连，尽量少用导线，然后进行调试和测量。通过回答思考题的方式，学习本实例中涉及到的电子技术相关知识，同时梳理并总结此电路的定性和定量分析结果。

思考题：

1. 用示波器观察开关S_1闭合之后，电容C_1两端的电压波形，并截屏记录。

2. 用万用表测量某时刻晶体管VT_1的各电极电位，并记录下来，说明此时晶体管的工作状态。

3. 用万用表测量某时刻晶体管VT_2的各电极电位，并记录下来，说明此时晶体管的工作状态。

3.3.2　传声器、扬声器电路——电压放大电路

3.3.2.1　实验目的

1. 了解晶体管的放大工作状态，学习用晶体管设计简单实用电路。
2. 通过设计传声器、扬声器电路，学会用仿真软件进行调试和运行。

3. 掌握硬件电路搭建过程中的基本实践技能。
4. 掌握声电转换模块和电压放大电路模块的工作原理及设计。

3.3.2.2 原理说明

传声器、扬声器电路如图 3-42 所示，是比较典型的音频信号电压放大电路，包括两级电压放大模块，其中第二级是最基本的固定偏置放大电路。第一级的电路，课程中没有专门介绍，它属于另外一种静态工作点稳定电路——由电阻 R_2 从集电极引回到基极，实现反馈，从而稳定 Q 点。

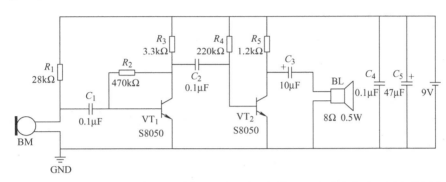

图 3-42　传声器、扬声器电路（3 个模块电路：声电转换 + Q 点稳定电路 + 固定偏置电路）

除了电压放大模块，这个电路中还包括常用的声电转换模块——传声器是扬声器电路的"耳朵"，专门聆听外界的声音。这个扬声器电路中使用的传声器是驻极体传声器，它是电子制作中较为常用的传声器类型，各种声控玩具、楼道里的声控延时灯、头戴式耳麦、数码摄像机等设备都使用它来检测声音。传声器在使用时需串接一个电阻限流，图 3-42 中电流是经过电阻 R_1 后到达传声器 BM 的。传声器的阻抗会随着接收到的声音信号强弱而发生改变，这样 R_1 和 BM 构成一个分压器，其输出端就是变化的电信号，反映着外界声音的大小。电容 C_1 可以将这个变化的交流（声音）信号传递给后续放大电路，而把直流阻挡在外面，学生可以实际测试验证一下。

3.3.2.3 实验内容及分析思考

在口袋设备的面包板上搭建图 3-42 所示电路，为了抑制干扰，请优先安排元器件直接相连，尽量少用导线，然后进行调试和测量。通过回答思考题，学习本实例中涉及的电子技术相关知识，同时梳理并总结两个模块电路的定性和定量分析结果。

思考题：

1. 对着驻极体传声器的受音面说话，会发现其两端电压在变化。实际测试一下，记录三组不同的声音——电压对应数据。用万用表记录电容 C_1 在无声音时左侧和右侧的电位值。用示波器观察并记录有声音信号时电容 C_1 两侧的波形。

2. 根据元器件的依次顺序定性分析一下电路的结构组成，并说明分析依据。
_____
_____
_____

3. 电阻 R_2 的作用有哪些？阻值为什么取这么大？计算第一级放大电路的静态工作点 Q_1，实际测量 VT_1 的直流输出电压，并记录下来。
_____
_____
_____
_____

4. 计算第二级放大电路的静态工作点 Q_2，实际测量 VT_2 的直流输出电压，验证自己的定量分析结果。
_____
_____
_____
_____

5. 电容 C_4 和 C_5 的作用是什么？
_____
_____
_____

6. 用示波器观察语音输入信号和放大以后输出信号的波形，并记录下来，分析其是否为线性放大？

3.3.3 多媒体音箱电路——功率放大电路

3.3.3.1 实验目的
1. 了解晶体管的放大工作状态，学习用晶体管设计简单实用电路。
2. 通过设计多媒体音箱电路，学会用仿真软件进行调试和运行。
3. 掌握硬件电路搭建过程中的基本实践技能。
4. 掌握功率放大电路模块的工作原理及设计。

3.3.3.2 原理说明
多媒体音箱放大电路如图 3-43 所示，它和前面的扬声器放大电路都是实现音频信号放大的,但两者有什么不同呢?这是需要思考的一个很重要的问题!请仔细观察,两个电路的负载功率是不同的。如果把负载比作放大电路要完成的"举重任务",那么很显然多媒体的 5W 和扬声器的 0.5W 需要不同级别或种类的电路来驱动。

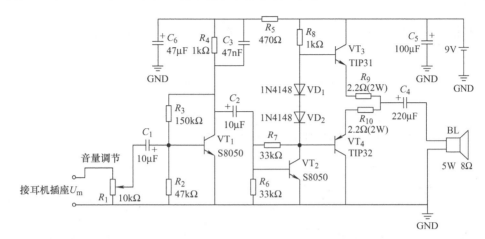

图 3-43　多媒体音箱放大电路(3 个模块电路:2 个射极分压偏置电路 + 互补对称功率放大电路)

事实上,前面的扬声器放大电路只实现了小信号的放大,即把音频信号转换为电信号,通过两个模块电路很好地实现了电压放大,但是放大以后的这个信号没有什么"劲儿",对于 5W 的扬声器这种较大功率的负载,它是没有办法驱动的,所以在某些应用场合,只是放大信号的电压并不能达到设计的要求,或者说电压放大不能解决一切问题。此时需要功率放大电路"出场"来扮演"有劲儿"的角色,它的核心任务是放大电流,或者说放大信号的功率,才能完成"给力"的驱动任务。

需要思考的另外一个问题是,既然功率放大电路这么"给力",那是否可以将传声器或音源的输出信号直接送到功率放大器中进行放大呢?答案是不能,因为功率放大器的输入阻抗与传声器等设备的输出阻抗不匹配,信号得不到有效地传输,功率放大器获得不了足够的输入信号,当然也就无法有效驱动扬声器工作了。

一个系统中同时存在小信号放大和功率放大的情况很常见,比如本小节的多媒体音箱电路。音源输出的微弱声音信号首先由前置放大器进行一定倍数的电压放大,之后送入功率放大器进行电流放大,最后驱动扬声器还原出声音。具体来说,它由三级模块电路组成:第一级和第二级都是射极分压偏置电路,可以稳定 Q 点,完成电压的放大;第三级是互补对称功率放大电路,注意晶体管 VT_3 和 VT_4 的型号,这是功率晶体管,和第二级的晶体管 VT_2 明显不同。

3.3.3.3　实验内容及分析思考

在口袋设备的面包板上搭建图 3-43 所示电路,为了抑制干扰,请优先安排元器件直接相连,尽量少用导线,然后进行调试和测量。通过回答思考题的方式,学习本实例中涉及到的电子技术相关知识,同时梳理并总结 3 个模块电路的定性和定量分析结果。

思考题:

1. 根据元器件的依次顺序定性分析电路的结构组成(每一级的基本接法)。

2. 计算 VT$_2$ 基极和集电极的直流电位,并实际测试其大小,记录下来。

3. 二极管 VD$_1$ 和 VD$_2$ 的作用是什么?

4. 电容 C_1 和 C_2 是耦合电容,它们的电容值大小将会影响电路哪些方面的性能?

5. 理论计算两级射极分压偏置电路实现的电压放大倍数是多少?实际测试并验证自己的计算结果。

6. 电阻 R_9 和 R_{10} 的作用是什么?其标称值为什么是 2W?

3.3.4 门铃延时电路——单稳态电路

3.3.4.1 实验目的
1. 了解晶体管的开关工作状态,学习用晶体管设计简单实用电路。
2. 通过设计门铃延时电路,学会用仿真软件进行调试和运行。
3. 掌握硬件电路搭建过程中的基本实践技能。
4. 掌握单稳态电路模块的工作原理及设计。

3.3.4.2 原理说明
在本小节和下一小节介绍的应用实例中,晶体管都将工作在开关模式。通过晶体管与电容元件的充放电作用相结合,可构成数字电子技术的模块电路——单稳态和无稳态多谐振荡电路。

单稳态电路的输出有两个状态,一个是稳定状态,另一个是暂稳态。在外接触发信号的作用下,电路从原来的稳定状态翻转到暂稳态。由于电路中具有 RC 延时环节,该暂稳态维持一段时间后,又会自动回到原来的稳态,暂稳态维持的时间取决于 RC 的参数值。

门铃延时电路如图 3-44 所示,按钮 S_1 处于打开状态,接通电源,晶体管 VT_2 优先导通并饱和,其集电极电位接近于 0(单稳态电路的稳定状态),此时蜂鸣器不响。与此同时,晶体管 VT_1 截止。

按钮 S_1 闭合瞬间,晶体管 VT_1 导通并饱和,其集电极电位下降至接近 0,导致晶体管 VT_2 截止,其输出电位变为高电平(单稳态电路的暂稳态),驱动蜂鸣器发声,记为 t_1 时刻。同时,电源经电阻 R_1 对电容 C_1 进行充电。虽然按钮 S_1 自动弹跳为打开状态,但是

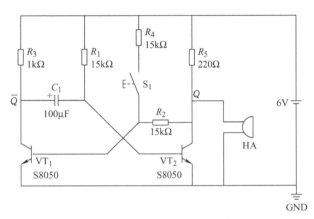

图 3-44 门铃延时电路(单稳态)
(模块电路 + 蜂鸣器驱动电路)

电源可通过电阻 R_2、R_5 为 VT_1 提供基极电流,使其导通状态可延续一段时间。

在电容 C_1 充电过程中,晶体管 VT_2 再次饱和导通,输出电位重新回到稳态 0,蜂鸣器停止发声,记为 t_2 时刻,同时晶体管 VT_1 再次截止。

可见,此单稳态电路,两个晶体管是轮流交替地处于导通与截止状态,蜂鸣器鸣响的时间为 $t_2 - t_1$。

3.3.4.3 实验内容及分析思考

在口袋设备的面包板上搭建图 3-44 所示电路,为了抑制干扰,请优先安排元器件直接相连,尽量少用导线,然后进行调试和测量。通过回答思考题,学习本实例中涉及的电子技术相关知识,同时梳理并总结单稳态模块电路的定性和定量分析。

思考题:

1. 单稳态是什么含义?

_____
_____
_____

2. VT_1 截止时,其集电极输出电位是多少?请实际测量其大小,并记录下来。

_____
_____
_____

3. VT_2 导通时,其集电极输出电位是多少?请实际测量其大小,并记录下来,同时说明此时晶体管工作在放大状态还是饱和状态?

___

___

___

___

4. 简述电路的工作过程和原理。

___

___

___

___

3.3.5 流水彩灯电路——无稳态振荡电路

3.3.5.1 实验目的

1. 了解晶体管的开关工作状态,学习用晶体管设计简单实用电路。
2. 通过设计简易的流水彩灯电路,学会用仿真软件进行调试和运行。
3. 掌握硬件电路搭建过程中的基本实践技能。
4. 掌握无稳态振荡电路模块的工作原理及设计。

3.3.5.2 原理说明

这里给出的流水彩灯电路是一个简单的示意图,如图 3-45 所示,它的核心是无稳态振荡电路模块,可以根据同样的原理增加 LED 灯的个数,构成拓展电路,更好地模拟"流水"的效果。

首先来了解无稳态振荡的含义,无稳态振荡电路亦称自激多谐振荡器。其产生的输出脉冲具有高、低两种状态并交替转换,即只有两个暂态,都不是稳定状态,会来回自动切换。

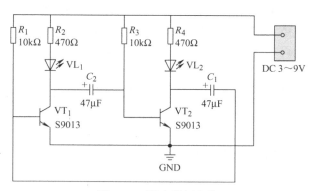

图 3-45 流水彩灯电路
(无稳态振荡电路模块 + LED 点亮模块)

如图 3-45 所示电路,接通电源后,晶体管 VT_1 和 VT_2 的电路是完全对称的,所以哪一个导通,是根据元器件的微小差异决定的,具有一定的随机性。假设 VT_1 优先饱和导通,其集电极电位接近于 0,发光二极管 VL_1 点亮;晶体管 VT_2 截止,发光二极管 VL_2 熄灭。

电源对电容 C_2 充电,晶体管 VT_2 的基极电位升高,进入饱和导通状态,其集电极电位接近于 0,VL_2 点亮;通过电容 C_1 放电,晶体管 VT_1 变为截止状态,VL_1 熄灭。就这样,电路在电容的充放电作用下,两个晶体管轮流导通和截止,产生持续振荡。

3.3.5.3 实验内容及分析思考

在口袋设备的面包板上搭建图 3-45 所示电路,为了抑制干扰,请优先安排元器件直接相连,尽量少用导线,然后进行调试和测量。通过回答思考题,学习本实例中涉及的电子技术相关知识，同时梳理并总结此电路的定性和定量分析。

思考题：

1. 无稳态是什么含义？
_____
_____

2. VT_1 截止时，其集电极输出电位是多少？此时发光二极管 VL_1 亮吗？
_____
_____

3. VT_2 导通时，其集电极输出电位是多少？此时发光二极管 VL_2 亮吗？
_____
_____

4. 简述电路的工作过程和原理。
_____
_____
_____
_____

5. 每个 LED 灯闪烁的频率是由电路的哪些参数决定的？为什么？
_____
_____
_____

6. 改变电路的参数，调整 LED 灯闪烁的频率，说明自己的改进依据和测试结果。
_____
_____
_____

7. 选做：电路采用了 NPN 型的晶体管，如果用 PNP 型的晶体管，该如何设计发光二极管的点亮？

3.4 口袋开放式综合设计实验

本节介绍口袋实验综合设计应用实例，分为晶体管为核心的综合应用及集成运放元件为核心的综合应用两部分。铅笔电子琴和声控玩具的应用实例同时包含了模电和数电的内容，其中铅笔电子琴的实例包含数字集成器件 555 定时器，声控玩具的实例包括晶体管的信号放大和开关状态应用，这两个实例是典型的将信号放大和振荡电路结合起来的综合设计应用。

集成运算放大器应用范围极广,常用于各种测量电路、音响电路、控制电路及报警电路等。在这些电路中,运放除了主要用于比例放大器外,还用于有源滤波器、电压比较器等,无论什么样的应用电路,集成运放最本质的功能是对同相输入端和反相输入端信号的差别部分进行放大。

本节列举了一些综合应用实例,旨在提供部分晶体管和集成运放的模块电路和综合设计的方法,可以按照这些实例,选择其一进行硬件电路的搭建和调试。有能力的同学建议自主设计开放式个性化的综合应用实例,要求至少包含两级以上模块电路,其中必须包含晶体管或集成运放核心元件,鼓励综合使用课程中讲解过的其他非线性元件——二极管、稳压管等。自主设计电路的过程和思路指引可参考 3.4.5 指尖脉搏器的综合实例,包括功能需求分析、结构框图、电路设计等环节。

3.4.1 铅笔电子琴——晶体管和 555 定时器的综合实例

铅笔电子琴电路如图 3-46 所示,它主要由 555 定时器和晶体管放大电路构成。555 定时器在这里构成一个振荡电路,其振荡频率与铅笔滑过的碳轨迹长短有关;信号经过放大之后,驱动扬声器工作,发出不同频率的音调,好似铅笔可以演奏音乐,故称为铅笔电子琴。

在口袋设备的面包板上搭建图 3-46 所示电路,为了抑制干扰,请优先安排元器件直接相连,尽量少用导线;然后进行硬件调试和测量,同时完成对电路的定性和定量分析。

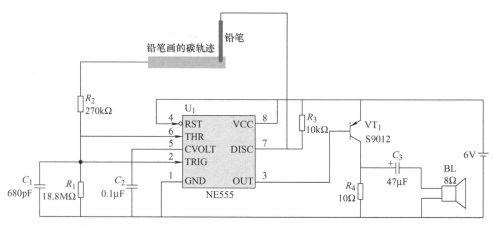

图 3-46 铅笔电子琴电路(555 振荡电路模块 + PNP 型放大电路)

思考题:

1. NE555 定时器是一个什么样的器件?

2. 简述电路的基本组成和工作原理。

3. 晶体管 VT_1 是什么类型的管子？测量某时刻电路正常工作时，其基极和集电极的输出电位分别是多少？记录下来。

3.4.2 声控玩具——晶体管综合应用实例

3.4.2.1 原理说明

声控玩具电路如图 3-47 所示，它由 4 部分构成：声电转换模块（驻极体传声器 BM 和电阻 R_1）、固定偏置电压放大模块（晶体管 VT_1 为核心）、单稳态触发模块（晶体管 VT_2 和 VT_3 为核心）和电动机驱动模块（晶体管 VT_4 为核心）。

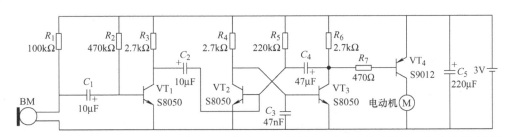

图 3-47 声控玩具电路（声电转换模块＋固定偏置电路模块＋单稳态电路模块＋电动机驱动模块）

对于固定偏置电压放大模块，课程中已经介绍过，这里不再赘述。除了电压放大模块，首先介绍这个电路中常用的声电转换模块。驻极体传声器是电子制作中较为常用的传声器类型，各种声控玩具、楼道里的声控延时灯等设备都使用它来"感受"触发信号，通常由一个电阻来给它提供工作电压，两者在电路上是串联结构，电流经过电阻 R_1 后到达传声器 BM，这样 R_1 和 BM 构成一个分压器，其输出端就是变化的电信号。外界的音频信号由此模块转换为脉冲触发信号。

单稳态电路模块，它的输出有两个状态，一个稳态，一个暂稳态。在外接声控触发信号经过放大后，电路从一个稳定状态翻转到一个暂稳态。由于电路中具有 RC 延时环节，该暂稳态维持一段时间又会回到原来的稳态，暂稳态维持的时间取决于 RC 的参数值。本小节中的单稳态电路原理与前面门铃延时电路类似，具体工作过程可参考 3.3.4 小节的介绍。

接通电源时，没有外界声音触发信号，单稳态电路模块中由于 C_3 的存在，晶体管 VT_2 导通，其集电极电位接近于 0，晶体管 VT_3 截止（单稳态输出高电平），晶体管 VT_4 导通，电动机转动；随着电源对电容 C_4 充电，晶体管 VT_3 的集电极电位升高，晶体管 VT_4 截止，电动机停止转动。

拍手时，电路接入外界的声控脉冲信号，经过晶体管 VT_1 的作用，触发单稳态电路，此时晶体管 VT_2 截止，晶体管 VT_3 饱和导通，其集电极电位接近于 0（暂稳态），晶体管 VT_4 再次导通,驱动电动机转动;随着电容 C_4 的电位变化,单稳态电路重新回到高电平(稳态),晶体管 VT_4 截止,电动机停止转动。

3.4.2.2 实验内容及分析思考

在口袋设备的面包板上搭建图 3-47 所示电路,为了抑制干扰,请优先安排元器件直接相连,尽量少用导线,然后进行调试和测量。通过回答思考题,学习本实例中涉及的电子技术相关知识,同时梳理并总结这些模块电路的定性和定量分析。

思考题:

1. 以晶体管为单元电路的核心,简述声控玩具电路的基本组成部分。

2. VT_2 截止时,其集电极输出电位是多少?用示波器观察它的波形,并记录下来。此时晶体管 VT_3 工作在什么状态?

3. 电动机在晶体管 VT_4 什么工作状态下是转动的?此时 VT_3 处于什么工作状态?

4. 简述电路的工作过程和原理。

5. 电动机转动时间的长短是由电路的哪些参数决定的?为什么?

6. 选做:改变电路参数,延长电动机转动的时间,说明自己的设计过程并实验验证。

7. 电动机转动部分可以自己 DIY 声控玩具，你的灵感和想法是？

3.4.3 噪声峰值检测电路——集成运放应用实例

峰值是指某段时间内信号幅度所能达到的最大值。电子系统中很多场合需要确定信号的峰值，比如，天宫一号所能承受的外太空温度的峰值、精密仪器工作时所限制的外界噪声峰值等。

3.4.3.1 原理说明

信号的峰值之所以能够被电路"检测并记录"下来，需要借助于二极管的单向导电性和电容元件的储能作用。低于峰值的时刻，二极管将处于截止状态，电路断开，检测到"峰值"，很显然这个数值通常要保留一段时间，电容元件此刻就能派上用场，实现对峰值电压的保持。

噪声峰值检测电路如图 3-48 所示，它由 4 部分模块电路组成：声电转换模块、电压放大模块、峰值保持模块和输出跟随驱动模块。

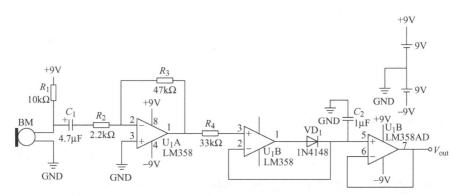

图 3-48 噪声峰值检测电路（声电转换 + 反相比例 + 峰值保持 + 跟随驱动）

首先外界的声音信号转换为电压信号，经过放大之后，进入峰值检测保持模块，只要信号的幅值是在不断增大，二极管就始终处于导通状态，电容一直在充电，记录信号的幅值；某一时刻，输入信号开始减小，则二极管会截止，峰值保持模块电路将电容电压作为反馈，以便维持输出在这个峰值的大小；最后通过一个电压跟随器完成更好的驱动。

3.4.3.2 实验内容及分析思考

在口袋设备的面包板上搭建图 3-48 所示电路，为了抑制干扰，请优先安排元器件直接相连，尽量少用导线，然后进行调试和测量。通过回答思考题的方式，学习本实例中涉及到的电子技术相关知识，同时梳理并总结这些模块电路的定性和定量分析。

思考题：

1. 对着传声器说话，用万用表或示波器测量输出端的电压或波形，并记录下来，测试电路是否能正常工作。
_____
_____
_____
_____

2. 如果声音越来越大，测试电路是否能不断刷新输出峰值的记录和保持？
_____
_____
_____
_____

3. 选做：检测这个电路是否能够检测出如下情况——比如，最大值 3V 之后，出现的局部最大值是 2V？如果不能，如何改进这个电路？（提示：需要设计一个让电容放电的复位模块。）
_____
_____
_____
_____

复位模块电路图

3.4.4 语音放大器——集成运放应用实例

3.4.4.1 原理说明

集成运放构成的语音放大电路如图 3-49 所示，它主要由 4 部分模块电路构成：同相比例运算电路、高通滤波电路（压控电压源二阶高通）、低通滤波电路（压控电压源二阶低通）和功率放大电路。

第一级是传声器放大器，放大倍数为 7.5 左右，由高共模抑制比、低漂移、低噪声、高输入阻抗的集成运放 μA741 实现；第二、三级是语音滤波器，语音信号的频率一般在 300Hz ~ 3kHz 之间，所以由高通和低通滤波共同实现这个频率范围的带通滤波；最后一级是功率放大电路，在 LM386 的 1 和 8 引脚之间接入电位器和电容，调节电位器，则集成功放 LM386 的电压增益可以在 20 ~ 200 之间任意调整。

3.4.4.2 实验内容及分析思考

在口袋设备的面包板上搭建图 3-49 所示电路，为了抑制干扰，请优先安排元器件直接相连，尽量少用导线，然后进行调试和测量。通过回答思考题的方式，学习本实例中涉及的

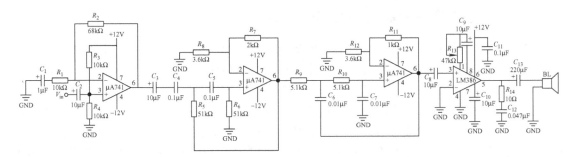

图 3-49 语音放大器电路（同相比例运算电路 + 高通滤波电路 + 低通滤波电路 + 功率放大电路）

电子技术相关知识，同时梳理并总结这些模块电路的定性和定量分析。

思考题：

1. 以集成芯片为单元电路的核心，简述语音放大器的基本组成部分及功能。

2. 第一级传声器放大电路模块中，电阻 R_3 和 R_4 的作用是什么？为什么电路需要这部分直流信号？用万用表测量，记录 3 号引脚的直流电位是多少？

3. 第二、三级构成带通滤波电路，对于有源滤波器，电路除了滤波还有放大作用，这个模块部分的电压增益是多少？通过测量记录这个电压增益的大小。

4. 最后一级功率放大电路，电压增益可调，测量并记录电压增益大小。

5. 这个电路中有很多电容，根据它们的作用，主要分为几类？

3.4.5 指尖脉搏器——集成运放应用实例

本小节以指尖脉搏器的设计为例,介绍从设计需求到电路模块框图,再到具体的电路结构和参数,旨在为开放式自主设计综合应用实例提供思路和方法。

3.4.5.1 工作原理

心脏的跳动对人的生命及健康至关重要,正常人的心率是 60~80 次/min,心率在临床上是一种基础而重要的生理参数。扑通扑通跳动的心脏在胸腔里面,看不到摸不着,它的工作频率如何用电路来测量呢?除了听诊器和中医的把脉,临床上还有一种广泛应用的利用手指指尖血液容积的变化来反映心脏跳动频率的方法。

手指指尖有丰富的毛细血管网,这些毛细血管网里的血液体积不是恒定的。当心脏收缩时,血液流向全身的血管,此时毛细血管里的血液体积增大;当心脏舒张时,血液由静脉回流到心脏,此时毛细血管里的血液体积减小。如果监测到这个血液体积的变化,就能知道心脏的工作节奏。

3.4.5.2 电路功能及结构框图分析

如果把手指贴近光源,在指甲上会发现手指指尖通红,这说明皮肤并不是完全不透明的,虽然它吸收光线但总有一些光线透过手指到达另一端。试想一下光线穿过手指指尖时,其中毛细血管中的血液体积随着心脏跳动在规律地变化着,可以猜想穿越手指的光线强度也随着毛细血管中血液体积的改变而变化。由此可以设计一个指尖脉搏的测量方法,即在指甲一侧放置发光二极管作为光源,在另一侧放置一个光敏电阻,发光二极管和光敏电阻做到一个指套中,当穿过指尖的光线被毛细血管的血液体积变化影响时,光敏电阻的输出信号(信号源)会产生一个对应的微小变化,经过放大器(放大模块)放大就能看到如图 3-50 所示的指尖脉搏波,给指尖脉搏波设置一个阈值,高于这个阈值时输出高电平(电压比较器模块),低于这个阈值时输出低电平,就得到了对应脉搏的脉冲波,测量脉冲波的周期 T(计数器模块),便可以得到心跳的周期,从而得到心率(显示电路模块),整个系统的结构框图也就可以知晓了,如图 3-50 所示。

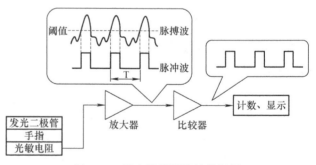

图 3-50 指尖脉搏器的结构框图

常规的计数器和显示模块属于数字电子技术的内容,本小节不做详细讨论。这里可以将人体的脉搏规律通过发光二极管的亮灭直观地反映出来。

3.4.5.3 电路设计

根据图 3-50,可以设计如图 3-51 所示的电路,其主要由 4 部分构成:光电转换电路、信号初级放大电路、信号次级放大电路和 LED 驱动电路。

3.4.5.4 实验内容及分析思考

在口袋设备的面包板上搭建图 3-51 所示电路,为了抑制干扰,请优先安排元器件直接相连,尽量少用导线,然后进行调试和测量。通过回答思考题,学习本实例中涉及的电子技术相关知识,同时梳理并总结这些模块电路的定性和定量分析。

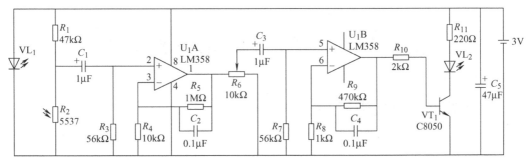

图 3-51　指尖脉搏器电路（光电转换 + 信号放大 + LED 驱动模块电路）

思考题：

　　1. 简述指尖脉搏器的基本组成及工作过程。

　　2. 电路中的电位器 R_6 可以用来调节什么参数？

　　3. 电路中的电容 C_2 和 C_4 是什么作用？为什么要这样设置？

　　4. 信号初级放大和信号次级放大电路分别是什么样的基本运算电路？电压增益是多少？实际测量的结果如何？

　　5. 总结自己在调试电路过程中遇到的问题，并说明是如何解决的。

第4章 模拟电子技术仿真实验

4.1 共射极单管放大电路

4.1.1 实验目的

1. 掌握单级放大电路静态工作点的测量方法与调整方法。
2. 掌握放大电路电压放大倍数的测量方法。
3. 理解静态工作点的选择对输出波形及电压放大倍数的影响。

4.1.2 实验要求

1. 测量静态工作点。
2. 测量电压放大倍数、输入电阻与输出电阻。
3. 测量幅频特性,找出上限频率与下限频率。
4. 用示波器观察输入与输出电压波形,观察输出波形的失真现象。

4.1.3 实验电路图

按照图 4-1 所示调用元器件并连接电路,构成分压式偏置共射放大电路[一]。

4.1.4 实验内容

1. 调整静态工作点

空载情况下,在分压式偏置共射放大电路输入端输入有效值为 10mV、频率为 1kHz 的正弦电压信号($U_i' = 10\text{mV}$,$f = 1\text{kHz}$),输入信号由信号发生器供给(虚拟信号发生器产生信号的幅值是峰值,现实中信号发生器产生信号的幅值是有效值,注意两者的区别),并在电路的输入端和输出端接上双踪示波器,静态工作点测试电路如图 4-2 所示。

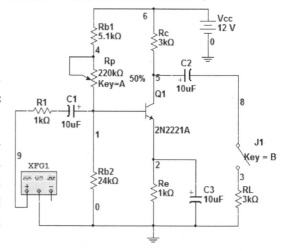

图 4-1 分压式偏置共射放大电路

调电位器 RP 的百分比,用万用表的直流电压档和直流电流档分别测量 U_{BE}、U_{CE}、I_B、I_C,观察 RP 对静态工作点的影响,同时用示波器观察 u_o 的波形。以 u_o 的波形幅值最大而又不失真为准,即调出合适的静态工作点,记录静态工作点。静态工作点调好后,就不要轻易改变 RP 的值了。

㊀ 为与仿真软件 Multisim10 显示一致,本章电路图均使用软件生成的原图。

还可以用直流分析法测量静态工作点的电压值，启动 Simulate 菜单中 Analysis 下的 DC Operating Point 命令，选择晶体管的 B、C、E 节点作为仿真节点可以获得 U_B、U_E、U_C 的值，与通过最大不失真波形得出的静态工作点对比是否一致。

2. 动态参数

（1）电压放大倍数 A_u　保持已调好的合适静态工作点不变，仍由信号发生器提供一个 $U'_i = 10\text{mV}$、$f = 1\text{kHz}$ 的正弦波信号加到放大电路的输入端，如图 4-3 所示。用双踪示波器同时观察并记录 u'_i、u_o 的波形，注意二者的相位关系（观察波形时二者时间坐标必须对齐）。用万用表的交流电压档分别测出输入、输出信号的有效值 U_i 和 U_o，将实测数据填入表 4-1 中，并计算电压放大倍数 A_u。

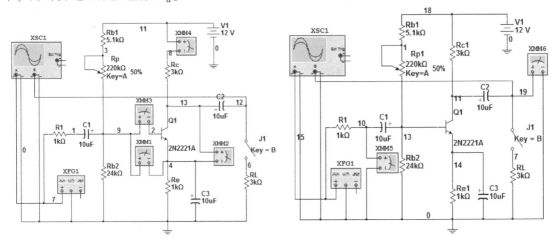

图 4-2　静态工作点测试电路　　　　图 4-3　动态参数测量电路

注意：在测量电压放大倍数时，要测量两种情况下的电压放大倍数：一种是放大电路空载情况，另一种是放大电路带负载 R_L（$R_L = 3\text{k}\Omega$）的情况，以便二者进行比较。

（2）输入电阻 R_i 和输出电阻 R_o　根据表 4-1 中数据，用公式 $R_i = \dfrac{U_i}{I_i} = \dfrac{U_i}{U'_i - U_i} R_s$ 和 $R_o = \dfrac{U_{oo} - U_{oL}}{I_o} = \dfrac{U_{oo} - U_{oL}}{U_{oL}} R_L$ 计算输入电阻 R_i 和输出电阻 R_o。

表 4-1　测量放大器的动态参数

工作条件	测量项目					
	实测数据			计算数据		
	U'_i/mV	U_i/mV	U_o/mV	A_u	R_i/kΩ	R_o/kΩ
空载	10					
负载	10					

另外，电路的输入电阻和输出电阻还可以根据电路图 4-4 得到，用万用表交流档测量 U_i、I_i，计算输入电阻 $R_i = U_i / I_i$；把输入端信号源去掉，在输出端负载开路，加入正弦波信号源，测量 U_o、I_o，计算输出电阻 $R_o = U_o / I_o$。与上面的方法进行对比数据是否一致。

3. 频率特性的测量

频率特性测量电路如图 4-5 所示，对伯德图仪的控制面板进行设置，设定垂直轴的终值

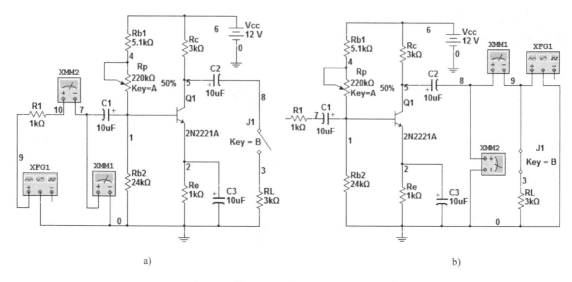

图 4-4 输入电阻和输出电阻测量电路

$F = 100\text{dB}$、初值 $I = -200\text{dB}$，水平轴的终值 $F = 1\text{GHz}$、初值 $I = 1\text{mHz}$，且垂直轴和水平轴的坐标全设为对数方式（lg），观察幅频特性曲线。用控制面板上的右移箭头将游标移到中频段，可以得出电压放大倍数；然后再左右移动游标找出电压放大倍数下降 3dB 时所对应的两处频率，即下限频率 f_L 和上限频率 f_H，两者之差即为通频带 BW。

还可以用交流分析法测量电路的上限频率和下限频率，启动 Simulate 菜单中 Analysis 下的 AC Analysis 命令，Output 选项卡选定输出节点为分析节点。单击 Simulate 按钮得出交流结果图，测试结果给出电路输出节点的幅频特性曲线和相频特性曲线，单击图标弹出分析读数指针，利用读数指针可以得到低频截止频率 f_L、高频截止频率 f_H 和通频带 BW。

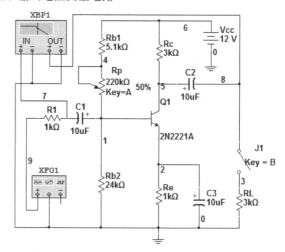

图 4-5 频率特性测量电路

4. 输出波形失真

把双踪示波器的 A 通道和 B 通道分别接入放大电路的输入端和输出端，测量电路如图 4-3 所示。改变电位器 RP 的阻值，可以观察到输出波形的截止失真和饱和失真。

1）将 RP 调到较小值 5%，用虚拟示波器观察 u_o 波形，将观察到的波形记录下来并解释。
2）将 RP 调到较大值 90%，用示波器观察 u_o 波形，将观察到的波形记录下来并解释。
3）将 RP 调到 30%，用示波器观察 u_o 波形，并和失真波形对比。

4.1.5 思考题

1. 如何从静态工作点的分析结果中，判断放大电路的静态点是否合适？
2. 将理论结果与仿真数据相比较，分析产生误差的原因。

3. 分析静态工作点的变化对放大电路输出波形的影响。
4. 不同的 Multisim 分析方法得出的结论是否相同？

4.2 场效应晶体管电路

场效应晶体管是一种电压控制型器件，分为结型和绝缘栅型两种不同的结构。场效应晶体管是单极型器件，在工业上得到广泛的应用。场效应晶体管组成的放大电路也分三种组态，但常用共源极电路。

4.2.1 实验目的

1. 了解场效应晶体管放大电路的组成和工作原理。
2. 掌握场效应晶体管放大电路静态工作点及动态性能指标的测试方法。

4.2.2 实验要求

1. 分析场效应晶体管的转移特性。
2. 测量静态工作点。
3. 测量电压放大倍数、输入电阻和输出电阻。

4.2.3 实验电路图

按照图 4-6 所示调用元器件并连接电路，构成栅极分压式共源极放大电路。

4.2.4 实验内容

1. 场效应晶体管转移特性分析

场效应晶体管转移特性是指在 u_{DS} 为定值的条件下，u_{GS} 对 i_D 的控制特性，即 $i_D = f(u_{GS})|_{u_{DS}=常数}$。

按图 4-7 所示连接 N 沟道耗尽型场效应晶体管转移特性仿真分析电路，启动 Simulate 菜单中 Analysis 下的 DC Sweep（直流扫描分析）命令。在对话框 Analysis Parameters 选项中选择所要扫描的直流电压 U_{GS}（V_2），由于源极的电阻 $R_s = 1\Omega$，其上的电压降可以表示源极电流（漏极电流 i_D），在 Output 选项中选节点 2 为待分析的电

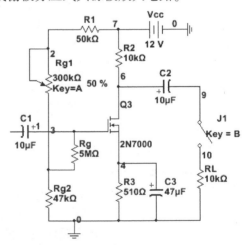

图 4-6 栅极分压式共源极放大电路

路节点。设置所要扫描的直流电压 U_{GS}（V_2）的初始值为 0，终止值为 4.5V。单击 Simulate 仿真即可得到场效应晶体管的转移特性曲线，读出开启电压 $U_{GS(th)}$ 和 I_D（$u_{GS} = 2U_{GS}$ 时的 i_D）。

2. 测量静态工作点

空载情况下，在栅极分压式共源极放大电路的输入端加正弦电压（$U_i = 5mV$，$f = 1kHz$），输入信号由信号发生器供给，静态工作点测试电路如图 4-8 所示。

调节 R_{g1} 的百分比为 50%，用万用表的直流电压档分别测量电路的 U_G、U_D、U_S。此时

U_{DS} 基本为 $1/2U_{CC}$，静态工作点基本处于恒流区中间部分，是比较合适的静态工作点，记录静态工作点 U_G、U_D、U_S，并计算 U_{GS}、U_{DS}、I_D。

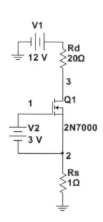 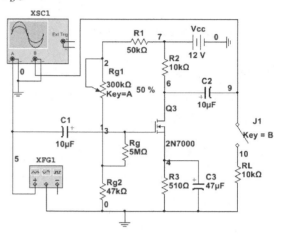

图 4-7　场效应晶体管转移特性仿真分析电路　　　　图 4-8　静态工作点测试电路

另外，还可以用直流分析法测量静态工作点的电压值，启动 Simulate 菜单中 Analysis 下的 DC Operating Point 命令，选择晶体管的 G、D、S 节点作为仿真节点可以获得 U_G、U_D、U_S 的值。

3. 动态参数

（1）电压放大倍数 A_u　由信号发生器提供一个 $f=1\text{kHz}$、$U_i=5\text{mV}$ 的正弦波信号加到放大电路的输入端。用双踪示波器同时观察 u_i、u_o 的波形，在波形不失真的情况下，用万用表的交流电压档分别测出 u_i、u_o 的有效值，如图 4-9 所示，将实测数据填入表 4-2 中，并计算电压放大倍数 A_u。

注意：在测量电压放大倍数时，要测两种情况下的电压放大倍数：一种是放大电路空载情况，另一种是放大电路带负载 R_L （$R_L=10\text{k}\Omega$）的情况，以便对二者进行比较。

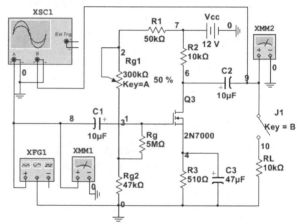

图 4-9　放大倍数测量电路

当 R_{g1} 增大到 60% 时，观察输出波形的变化，此时是 U_{GS}、I_D 减小，U_{DS} 增大，$|A_u|$ 减小，由此说明 R_{g2} 和 R_g 不变时，调整电路参数增大 I_D 是提高电路电压放大能力的有效办法。需要注意的是，在调整 R_{g1} 时，要始终保持场效应晶体管工作在恒流区，保证输出信号不失真。

（2）输出电阻 R_o　根据表 4-2 中的数据，用公式 $R_o=\dfrac{U_{oo}-U_{oL}}{I_o}=\dfrac{U_{oo}-U_{oL}}{U_{oL}}R_L$ 计算输出电阻。

（3）输入电阻 R_i　在输入电阻的测量原理上，也可以使用与晶体管一样的测量方法，但是由于场效应晶体管的输入电阻比较大，这样会带来比较大的误差。为了减小误差，常利用放大电路的隔离作用，通过测量输出电压来计算输入电阻，输入电阻测量电路如图 4-10 所示。

表 4-2 测量放大器的交流电压放大倍数

工作条件	测量项目				
	实测数据			计算数据	
	U_i'/mV	U_i/mV	U_o/mV	A_u	$R_o/\text{k}\Omega$
空载	5				
负载	5				

由信号发生器提供一个 $f = 1\text{kHz}$、$U_i = 5\text{mV}$ 的正弦波信号加到放大电路的输入端,将开关 X_1 连接到上端,测出 $R_4 = 0$ 时的输出电压 U_{o1};保持输入信号不变,将开关 X_1 连接到下端,测量 $R_4 = 500\text{k}\Omega$ 时的输出电压 U_{o2}。根据公式 $R_o = U_{o2}R_4/(U_{o1} - U_{o2})$ 计算输入电阻。

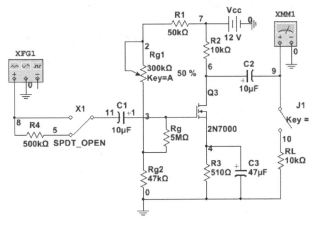

图 4-10 输入电阻测量电路

4. 频率特性的测量

频率特性测量电路如图 4-11 所示,对伯德图仪的控制面板进行设置,设定垂直轴的终值 $F = 100\text{dB}$、初值 $I = -200\text{dB}$,水平轴的终值 $F = 1\text{GHz}$、初值 $I = 1\text{mHz}$,且垂直轴和水平轴的坐标全设为对数方式(lg),观察幅频特性曲线。用控制面板上的右移箭头将游标移到中频段,可以得出电压放大倍数;然后再左右移动游标找出电压放大倍数下降 3dB 时所对应的两处频率,即下限频率 f_L 和上限频率 f_H,两者之差即为通频带 BW。

另外,还可以用交流分析法测量电路的上限频率和下限频率,启动 Simulate 菜单中 Analysis 下的 AC Analysis 命令,Output 选项卡选定输出节点为分析节点。单击 Simulate 按钮得出交流结果,测试结果给出电路输出节点的幅频特性曲线和相频特性曲线,单击图标弹出分析读数指针,

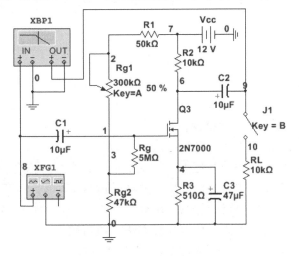

图 4-11 频率特性测量电路

利用读数指针可以得到低频截止频率 f_L、高频截止频率 f_H 和通频带 BW。

4.2.5 思考题

1. 场效应晶体管共源极放大电路的偏置电路与晶体管共射极放大电路的偏置电路有何异同?
2. 为什么一般不能用万用表的直流电压档测量场效应晶体管的 U_{GS}?
3. 场效应晶体管共源极放大电路的源极电阻有何作用?

4.3 多级放大电路

基本放大电路的放大倍数通常只能达到几十倍至几百倍,在要求放大倍数更高时,就要由多个单级电路级连成多级放大电路。对耦合电路的要求:不但保证放大电路对通频带内信号的有效传输,还要保证各放大级的正常工作,不能破坏各放大级的静态工作点。

4.3.1 实验目的

1. 熟悉两级直接耦合放大电路静态工作点的测试方法。
2. 掌握两级直接耦合放大电路电压放大倍数、输入电阻和输出电阻及频率特性的测量方法。

4.3.2 实验要求

1. 测量静态工作点。
2. 测量电压放大倍数、输入电阻和输出电阻。
3. 测量幅频特性,求出上限频率和下限频率。
4. 用示波器观察输入电压与输出电压的波形。

4.3.3 实验电路图

分压式偏置放大电路和射极输出器两级连接电路如图4-12所示。

4.3.4 实验内容

1. 静态工作点的测量

由于直接耦合放大电路各级之间静态工作点相互影响,一般情况下应该通过 Multisim 10 设置各级合适的静态工作点,然后再搭建电路调试。本书在直接给出电路图的基础上,用 Multisim10 中的直流工作点分析方法,选择合适的节点,分析电路的静态工作点。

使用直流工作点分析方法,执行菜单命令 Simulate/Analysis,选择 DC Operating Point,即出现直流工作点分析对话框,选择 1、2、3、5、6 为分析节点,最后单击 Simulate 按钮得到相应电路节点的分析结果并记录下每级放大电路的静态工作点的 U_{BE}、U_{CE}、I_B、I_C。还可以选择使用万用表测量两级的静态工作点,并与直流工作点分析方法比较结果是否一致。

在多级放大电路中给定输入信号 $U_i = 10mV$、$f = 1kHz$ 时,用示波器观察输出信号是否失真。

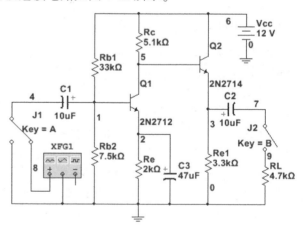

图4-12 两级放大直接耦合电路

2. 动态分析

（1）**电压放大倍数** 在合适静态工作点不变的情况下，仍由信号发生器提供一个 $U_i = 10\text{mV}$、$f = 1\text{kHz}$ 的正弦波信号加到放大电路的输入端。改变输入信号的频率，用示波器观察波形放大情况，是否出现失真。测量两级放大电路放大倍数电路如图 4-13 所示，在空载和带负载情况下用万用表交流电压档分别测出 u_i、u_o 的有效值。根据实测数据计算电压放大倍数 A_u。

（2）**输入电阻和输出电阻** 输入电阻测量电路如图 4-14a 所示，在

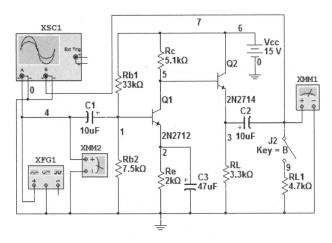

图 4-13 测量两级放大电路放大倍数电路

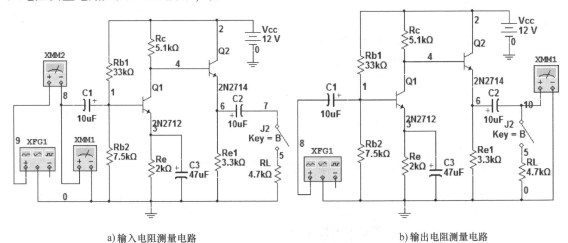

a) 输入电阻测量电路 b) 输出电阻测量电路

图 4-14 输入与输出电阻测量电路

输入端用万用表交流电压档和交流电流档测出有效值 U_i 和 I_i，根据公式 $R_i = U_i/I_i$ 计算输入电阻。输出电阻测量电路如图 4-14b 所示，在输出端用万用表交流电压档测量负载开路时输出端电压 U_{oo} 和带负载时输出端电压 U_{oL}，根据公式 $R_o = (U_{oo} - U_{oL}) R_L/U_{oL}$ 计算输出电阻。

3. 频率特性的测量

频率特性测量电路如图 4-15 所示，对伯德图仪的控制面板进行设置，设定垂直轴的终值 $F = 100\text{dB}$、初值 $I = -200\text{dB}$，水平轴的终值 $F = 1\text{GHz}$、初值 $I = 1\text{mHz}$，且垂直轴

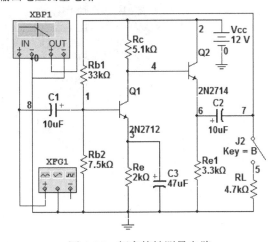

图 4-15 频率特性测量电路

和水平轴的坐标全设为对数方式（lg），观察幅频特性曲线。用控制面板上的右移箭头将游标移到中频段，可以得出电压放大倍数；然后再左右移动游标找出电压放大倍数下降3dB时所对应的两处频率，即下限频率f_L和上限频率f_H，两者之差即为通频带BW。

4.3.5 思考题

1. 直接耦合放大电路主要适用哪种输入的信号？
2. 多级阻容耦合电路各级间的静态工作点如何设定？

4.4 负反馈放大电路

负反馈放大电路按输入的比较方式可以分为并联反馈和串联反馈，按输出取样方式可以分为电压反馈和电流反馈。负反馈对放大电路的动态性能有很大影响，本节以电压串联负反馈放大电路为例，观测负反馈对放大电路的影响。

4.4.1 实验目的

1. 掌握负反馈放大电路交流性能的测量方法。
2. 研究负反馈对放大电路性能的影响。

4.4.2 实验要求

1. 观察负反馈对放大电路放大倍数的影响。
2. 观察负反馈对放大电路输入电阻和输出电阻的影响。
3. 观察负反馈对放大电路通频带的影响和非线性失真的改善。

4.4.3 实验电路图

两级间引入电压串联负反馈放大电路如图4-16所示。

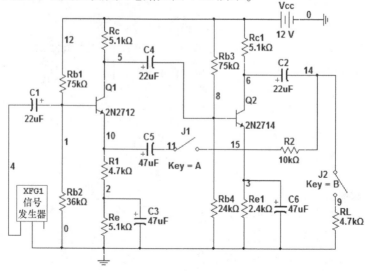

图4-16 电压串联负反馈放大电路

4.4.4 实验内容

1. 负反馈对放大倍数的影响

由信号发生器提供 $U_i = 10\text{mV}$、$f = 1\text{kHz}$ 的正弦波输入信号加到两级放大电路的输入端，负反馈放大电路如图 4-17 所示。当开关 J_1 打开时，电路处于开环状态；当开关 J_1 闭合时引入电压串联负反馈，电路处于闭环状态。用万用表交流电压档测量两种情况下输入电压和输出电压，并分别计算开环状态电压放大倍数 A_u 和闭环状态电压放大倍数 A_{uf}，分析放大倍数的变化。

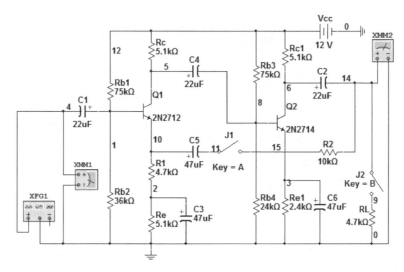

图 4-17 负反馈放大电路

2. 负反馈对输入电阻和输出电阻的影响

输入端输入 $U_i = 10\text{mV}$、$f = 1\text{kHz}$ 的正弦波信号，如图 4-18 所示。在电路处于开环状态和电路处于闭环引入电压串联负反馈两种情况下，用万用表交流电压档和交流电流档测量输入电压 U_i 和输入电流 I_i，将测量结果填入表 4-3 中，并根据公式 $R_i = U_i / I_i$ 计算输入电阻。

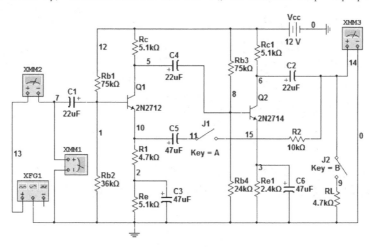

图 4-18 输入电阻和输出电阻的对比电路

表 4-3　输入电阻和输出电阻的测试

基本放大电路			负反馈放大电路		
U_i/mV	I_i/nA	R_i	U_i/mV	I_i/nA	R_{if}
U_{oo}/mV	U_{oL}/mV	R_o	U_{oo}/mV	U_{oL}/mV	R_{of}

输入端输入信号不变,电路如图 4-18 所示。当开关 J_2 打开时,电路不带负载;当开关 J_2 闭合时,电路带负载。用万用表交流电压档分别测量不带负载时输出电压 U_{oo} 和带负载时输出电压 U_{oL},填入表 4-3 中,根据公式 $R_o = (U_{oo} - U_{oL}) R_L / U_{oL}$ 计算输出电阻。

观察放大电路引入电压串联负反馈后对输入电阻和输出电阻的影响。

3. 负反馈对通频带的影响

输入端输入 $U_i = 10\text{mV}$、$f = 1\text{kHz}$ 的正弦波信号不变,把伯德图仪接入电路中,通频带对比电路如图 4-19 所示。电路开关 J_1 打开和闭合情况下,记录开环电路和引入负反馈后电路的上限频率和下限频率,计算两个不同宽度的通频带,观察引入负反馈后对放大电路通频带的影响。

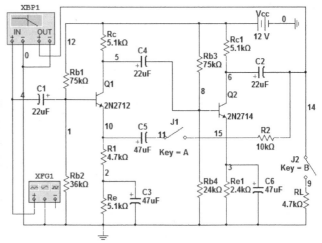

图 4-19　通频带对比电路

4. 负反馈对非线性失真的影响

打开开关 J_1,开环状态下电路如图 4-20 所示。先在输入端输入 $U_i = 10\text{mV}$、$f = 1\text{kHz}$ 的正弦波信号,用示波器观察输出波形,然后不断加大输入信号,直到输出波形出现轻度非线性失真。此时把开关 J_1 闭合,观察输出波形是否消除失真,然后继续增大输入信号幅值,观察输入信号幅值增加后是否还会出现波形失真现象。

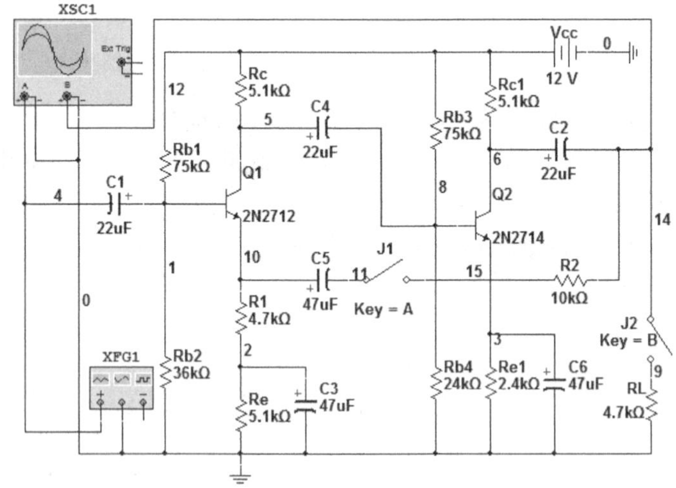

图 4-20　观测改善非线性失真电路

分析电路引入的是何种反馈类型,当负载变化时,测量输出电压和输出电流是否保持稳定。改变反馈的连接点,分析电路引入的还是不是负反馈及反馈类型,若此时引入的是正反馈输出会出现什么情况,观察输出波形。

4.4.5　思考题

1. 为什么负反馈放大电路能改善非线性失真?

2. 对于多级放大电路为什么要从电路末级向输入级引入负反馈?

4.5 差分放大电路

差分放大电路是由两个电路参数完全相同的单管放大电路通过发射极耦合在一起的对称式放大电路,具有两个输入端和输出端。本节通过仿真实验验证差分电路的特性。

4.5.1 实验目的

1. 熟悉差分放大电路静态工作点的测量方法。
2. 掌握差分放大电路差模输入、单端输出的差模放大倍数的测试方法。
3. 掌握差分放大电路共模输入、单端输出的共模放大倍数及共模抑制比的测试方法。

4.5.2 实验要求

1. 测量静态工作点。
2. 计算差模放大倍数与共模放大倍数。
3. 计算共模抑制比。

4.5.3 实验内容

1. 长尾式差分放大电路

长尾式差分放大电路如图 4-21 所示。

(1) 测量静态工作点 两个输入端的输入电压为 0 (把 4、5 两个输入端都接 "地"),用万用表直流电压档测量差分放大电路双端输出,此时双端输出为 0,即 $U_{CQ1} = U_{CQ2}$ (U_{CQ1}、U_{CQ2} 分别为 Q_1 管和 Q_2 管集电极对 "地" 电压)。根据电路图 4-22 所示,分别测量并记录 Q_1 管和 Q_2 管的静态工作点的 U_{BE}、U_{CE}、I_B、I_C 和 U_{EQ}。

(2) 动态测试

1) 测量差模放大倍数: 两个输入端

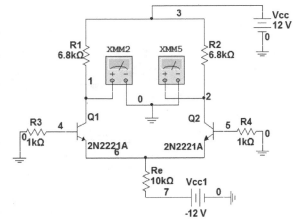

图 4-21 长尾式差分放大电路

分别输入 $U_i = 100\text{mV}$、$f = 1\text{kHz}$ 相位相反的正弦波交流信号,如图 4-23 所示。用示波器始终观察输入与输出信号,并观察输入与输出信号之间的相位关系。用开关 J_1、J_2 的打开与闭合来控制单端输入还是双端输入,用万用表交流电压档分别测量单端输出和双端输出的差模动态数据,将测量数据填入表 4-4 中,并计算差模放大倍数。

2) 测量共模放大倍数: 两个输入端分别输入 $U_i = 500\text{mV}$、$f = 1\text{kHz}$ 相同的交流信号,如图 4-24 所示。用 J_1、J_2 开关的打开与闭合来控制单端输入还是双端输入,用万用表交流电压档分别测量单端输出和双端输出的共模动态数据,将测量数据填入表 4-5 中,并计算共模放大倍数及共模抑制比,观察输入与输出的波形。

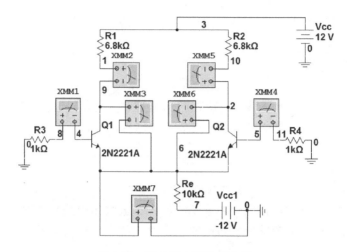

图 4-22 测量静态工作点电路

表 4-4 长尾式差分放大电路差模动态数据

参数		u_i/mV	u_{o1}/mV	u_{o2}/mV	A_d
单端输入	单端输出	100			$A_{d1} = u_{o1}/u_i =$
					$A_{d2} = u_{o2}/u_i =$
	双端输出				$A_d = (u_{o1} - u_{o2})/u_i =$
双端输入	单端输出	100			$A_{d1} = u_{o1}/u_i =$
					$A_{d2} = u_{o2}/u_i =$
	双端输出				$A_d = (u_{o1} - u_{o2})/u_i =$

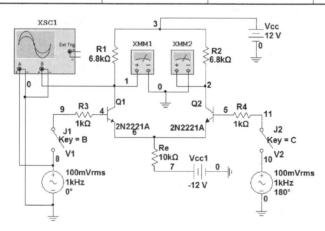

图 4-23 测量差模放大倍数电路

表 4-5 长尾式差分放大电路共模动态数据

参数		u_i/mV	u_{o1}/mV	u_{o2}/mV	A_c	K_{CMRR}
共模输入	单端输出	500			$A_{c1} = u_{o1}/u_i =$	
					$A_{c2} = u_{o2}/u_i =$	
	双端输出				$A_c = (u_{o1} - u_{o2})/u_i =$	

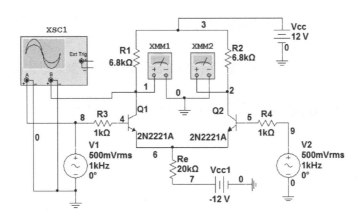

图 4-24　测量共模放大倍数电路

2. 恒流源式差分放大电路

在长尾式差分放大电路中抑制零漂的效果与 R_e 的值有密切关系，R_e 越大，效果越好。但 R_e 越大，维持同样工作电流所需要的负电压也越高，在一般情况下是不合适的。恒流源的引入解决了上述矛盾，用它来替代长尾电阻 R_e，从而更好地抑制共模信号的变化，提高了共模抑制比。恒流源式差分放大电路如图 4-25 所示。

（1）静态测试　当两个输入端的输入电压为 0（把 4、5 两个输入端都接"地"）时，用万用表直流电压档测量差分放大电路双端输出，使双端输出为 0，即 $U_{CQ1} = U_{CQ2}$（U_{CQ1}、U_{CQ2} 分别为 Q_1 管和 Q_2 管集电极对"地"电压）。用万用表直流电压档分别测量并记录 Q_1 管和 Q_2 管的静态工作点的 U_{BE}、U_{CE}、I_B、I_C 和 U_{EQ}。

（2）动态测试　输入 $U_i = 100\text{mV}$、$f = 1\text{kHz}$ 的正弦波交流信号 u_i。

1）差模动态测试：用示波器始终观察输入与输出信号，并观察输入与输出信号之间的相位关系。用开关 J_1、J_2

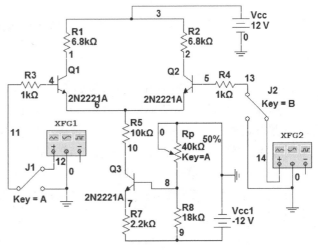

图 4-25　恒流源式差分放大电路

的打开与闭合来控制单端输入还是双端输入，用万用表交流电压档分别测量单端输出和双端输出的差模动态数据，将测量数据填入自制的表（可参考表 4-4）中，并计算差模放大倍数。

2）共模动态测试：用示波器始终观察输入与输出信号，用开关 J_1、J_2 的打开与闭合来控制单端输入还是双端输入，用万用表交流电压档分别测量单端输出和双端输出的共模动态数据，将测量数据填入自制的表（可参考表 4-5）中，并计算共模放大倍数。

4.5.4　思考题

1. 差分放大电路中电阻 R_e 起什么作用？提高电阻 R_e 受什么限制？

2. 差分放大电路为什么具有较高的共模抑制比?
3. 差分放大电路仿真电路中为什么没有平衡电阻?
4. 采用 Multisim 10 直流、交流和瞬态分析方法分析和实验数据对比是否一致?

4.6 运放的线性应用（Ⅰ）——比例、加减电路

集成运放的一个重要应用就是实现模拟信号的运算,运用"虚短"和"虚断"两个重要概念,可以对集成运放组成比例、求和、积分、微分等电路进行分析和计算。

4.6.1 实验目的

1. 熟悉基本运算放大电路输出波形的观察方法。
2. 掌握运算放大电路输出电压的测量方法。
3. 熟悉用运算放大电路实现输入与输出的给定运算关系。

4.6.2 实验要求

1. 测量比例求和电路的输出电压。
2. 观察比例求和输出信号的波形。
3. 对反相比例、同相比例、求和以及加减运算电路根据理论值和仿真值进行对比。

4.6.3 实验内容

1. 检查运算放大器的好坏——开环过零

将运算放大器接入直流电源 +12V、-12V 和"地",否则运算放大器无法工作。检测开环过零电路如图 4-26 所示,将运放一端接"地",另一端悬空。利用运算放大器开环放大倍数近似无穷大,可检查运算放大器的好坏。若运算放大器输出电压 U_o 分别为正、负饱和值,即开环过零,则该运算放大器是好的,否则运放有问题。用万用表直流电压档测量记录正、负饱和电压值 $+U_{om}$ 和 $-U_{om}$。每次使用运算放大器前,都要检测运放的好坏,其他运放电路中就不再赘述了。

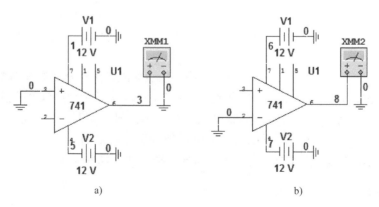

图 4-26 检测开环过零电路

2. 反相比例运算电路

反相比例运算电路的电压放大倍数为 $A_{uf} = -R_f/R_1$，在输入直流信号和交流信号下，验证输入与输出的关系。

（1）输入直流信号　电路如图 4-27 所示，直流信号用直流电压源 V_1 输入。根据表 4-6 中的数值改变输入电压大小，用万用表直流电压档测量输出电压值，将测量结果填入表 4-6 中。

表 4-6　直流输入比例运算电路数据表

输入电压 U_i/V		0	+1	+2	−1	−2	−4
输出电压 U_o/V	理论值						
	实测值						
	计算误差						

（2）输入交流信号　电路如图 4-28 所示，交流信号 u_i 用信号发生器输入。根据表 4-7 中的数值改变输入电压幅值和频率大小，用万用表交流电压档测量输出电压值，将测量结果填入表 4-7 中。用双踪示波器观测输入与输出波形之间的幅值、频率及相位关系。

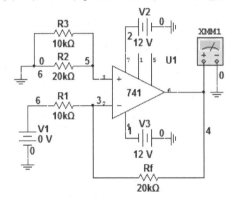

图 4-27　反相比例放大电路（直流输入）　　图 4-28　反相比例放大电路（交流输入）

表 4-7　交流输入比例运算电路数据表

输入信号 u_i		输出信号 u_o		幅值误差
幅值/V	频率/kHz	幅值/V	频率/Hz	
0.5	1			
1	2			
2	0.5			

（3）验证"虚短"和"虚断"　电路如图 4-29 所示，按表 4-8 给定的值，验证 $U_N \approx U_P$，$R_i = R_1$，将测量数据填入表 4-8 中。反相比例输入电阻 $R_i = U_i/I_i = U_iR_1/(U_i - U_N)$。

表 4-8　验证运算放大器"虚断"和"虚短"及输入 R_i 的数据表

电路形式	输入电压 U_i/V	U_N/V	U_P/V	计算 R_i/kΩ
反相比例	1			
同相比例	1			

3. 同相比例运算电路

同相比例运算电路的电压放大倍数为 $A_{uf} = 1 + R_f/R_1$，在输入直流信号和交流信号下，验证输入与输出的关系。

（1）输入直流信号　电路如图4-30所示，直流信号用直流电压源V_1输入。根据表4-6中的数值改变输入电压大小，用万用表直流电压档测量输出电压值，将测量结果同样填入表4-6中。

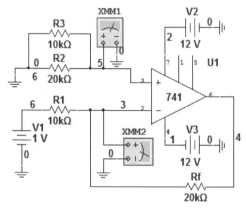
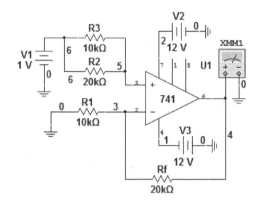

图4-29　反相比例验证"虚短"和"虚断"电路　　　图4-30　同相比例放大电路（直流输入）

（2）输入交流信号　电路如图4-31所示，交流信号u_i用信号发生器输入。根据表4-7中的数值改变输入电压幅值和频率大小，用万用表交流电压档测量输出电压值，将测量结果同样填入表4-7中。用双踪示波器观测输入与输出波形之间的幅值、频率及相位关系。

（3）验证"虚短"和"虚断"　电路如图4-32所示，按表4-8给定的值，验证$U_N \approx U_P$，$R_i = \infty$，将测量数据填入表4-8中。同相比例输入电阻$R_i = U_i / I_i = U_i (R_2 // R_3)/(U_i - U_P)$。对比同相比例和反相比例电路输入电阻。

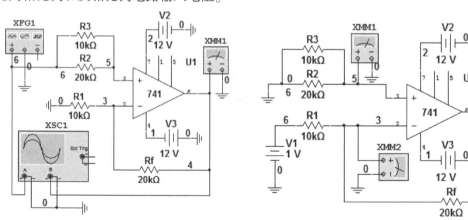

图4-31　同相比例放大电路（交流输入）　　　图4-32　同相比例验证"虚短"和"虚断"电路

4. 反相求和运算电路

反相求和电路是多个输入信号均作用于集成运放的反相输入端，当反相输入端有两个输入信号u_{i1}、u_{i2}时，输入电压和输出电压之间的关系为$u_o = -R_f(u_{i1}/R_1 + u_{i2}/R_2)$。

（1）直流输入叠加　反相求和电路如图4-33所示，其中$R_3 = R_1 // R_2 // R_f$。当开关J_1连接直流电压源时，是两个直流量U_{i1}、U_{i2}的叠加。根据表4-9中的数值改变电压源V_1和V_4的电压值，记录实验数据并填入表4-9中。

表 4-9　求和实验数据表

输入信号	U_{i1}/V	+1	−1	+1	+1	+2
	U_{i2}/V	−1	−1	+1	+2	+2
输出 U_o/V	理论值					
	实测值					
	计算误差					

（2）交直流输入叠加　U_{i1} 由直流电压源 V_1 提供直流信号（$U_{i1} = +1\text{V}$），u_{i2} 由开关 J_1 连接信号发生器提供正弦交流信号（$U_{i2} = +0.5\text{V}$，$f=1\text{kHz}$），用双踪示波器观察输入与输出波形，并验证反相求和公式。

5. 同相求和运算电路

同相求和电路是多个输入信号均作用于集成运放的同相输入端，当同相输入端有两个输入信号 u_{i1}、u_{i2} 时，输入电压与输出电压之间的关系为 $u_o = \left(1 + \dfrac{R_f}{R_3}\right)\left(\dfrac{R_2}{R_1+R_2}u_{i1} + \dfrac{R_1}{R_1+R_2}u_{i2}\right)$。

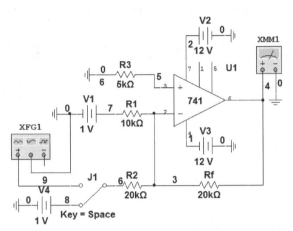

图 4-33　反相求和电路

（1）直流输入叠加　同相求和电路如图 4-34 所示，其中 $R_1 /\!/ R_2 = R_3 /\!/ R_f$。当开关 J_1 连接直流电压源时，是两个直流量 U_{i1}、U_{i2} 的叠加。根据表 4-9 中的数值改变电压源 V_1 和 V_4 的电压值，记录仿真数据同样填入表 4-9 中。

（2）交直流输入叠加　U_{i1} 为直流信号（$U_{i1} = +1\text{V}$），u_{i2} 提供正弦交流信号（$U_{i2} = +0.5\text{V}$，$f=1\text{kHz}$），用双踪示波器观察输入与输出波形，验证同相求和公式。u_{i2} 由开关 J_1 连接信号发生器提供，U_{i1} 由直流电压源 V_1 提供。

6. 加减运算电路

当多个输入信号同时作用于两个输入端时，运算电路实现加减运算，加减运算电路如图 4-35 所示。同相输入端信号 U_{i1}、U_{i2} 和反相输入端信号 U_{i3}、U_{i4}，当满足 $R_1 /\!/ R_2 /\!/ R_5 = R_3 /\!/ R_4 /\!/ R_f$ 时，输入电压与输出电压之间满足 $U_o = R_f(U_{i1}/R_1 + U_{i2}/R_2 - U_{i3}/R_3 - U_{i4}/R_4)$。

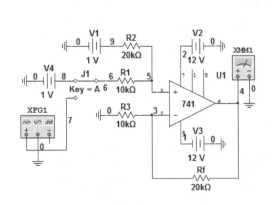

图 4-34　同相求和电路

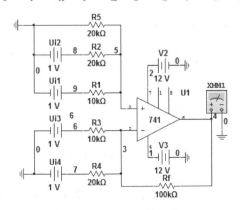

图 4-35　加减运算电路

改变同相端输入电压 U_{i1}、U_{i2} 和反相端输入电压 U_{i3}、U_{i4} 的值,验证输入电压与输出电压之间的关系。

4.6.4 思考题

1. 分析为什么仿真输入电压为 0V 时输出不为 0V 会产生误差?
2. 仿真电路中运算放大器需要检测开环过零和闭环调零吗?
3. 运算放大器的电阻有误差时,如何分析和计算电压放大倍数的误差?

4.7 运放的线性应用(Ⅱ)——积分、微分电路

积分电路和微分电路互为逆运算,广泛应用于波形的产生和变换,以集成运放作为放大电路,利用电阻和电容作为反馈网络,可以实现这两种运算电路。

4.7.1 实验目的

1. 掌握反相积分电路和微分电路的结构和性能特点。
2. 验证积分和微分运算电路输入电压与输出电压的关系。

4.7.2 实验要求

1. 观察积分电路输出的波形。
2. 观察积分电路的积分时间。
3. 观察微分输出信号的波形。

4.7.3 实验内容

1. 积分电路

(1) 输入直流信号 电路如图 4-36 所示,先用万用表观察积分情况:将积分电路的开关 J_1 打开的同时,用万用表直流电压档观测积分电压能达到的最大值 U_{om}。

把示波器扫描选择放在 500ms/格时间档,选择输入耦合方式("DC"耦合),校准 Y 轴零点,因为输出信号 u_o 朝正电压方向积分。先把积分电路的开关 J_1 合上,然后观测到输出为 0,再把开关 J_1 打开观测积分波形。当输入信号为阶跃电压时,输出电压 u_o 与时间 t 成近似线性关系,根据 $t \approx -U_o R_1 C_1 / U_i$ 对比示波器上观测的积分时间和计算时间是否一致。

注意:仿真时需要的观测时间比较长,主要是电路仿真的虚拟时间比较长。

(2) 输入交流信号 电路如图 4-37 所示。

1) 信号发生器输入正弦交流信号 $u_i = U_{im}\sin\omega t$ ($U_{im} = 1V$, $f = 100Hz$)。用双踪示波器同时观察输入与输出的波形。当输出波形出现失真时,可在电容 C_1 两端并联一个 100kΩ 的电阻。根据 $u_o = (U_{im}/R_1 C_1) \sin(\omega t + 90°)$,用示波器观察波形时,注意输入和输出波形之间的相位关系。改变输入信号的频率,观测输入和输出信号的相位、幅值

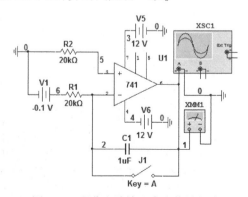

图 4-36 积分电路输入直流信号电路

关系。

2）信号发生器输入矩形波交流信号 $U_{im}=1V$，$q=50\%$（占空比）。用示波器同时观察输入与输出的波形，可以观察到积分运算电路的输出信号为积分波形。

2. 微分电路

把积分电路中 R_1 和 C_1 的位置互换，可组成微分电路如图 4-38 所示。微分电路可以实现波形转换，也有移相的作用。输入电压与输出电压之间满足微分关系。

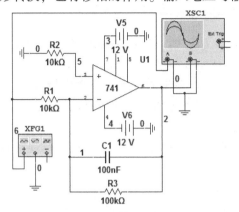

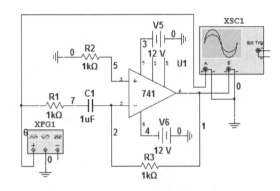

图 4-37　积分电路输入交流信号电路　　　　　图 4-38　微分电路

（1）信号发生器输入正弦交流信号 $u_i=U_{im}\sin\omega t$（$U_{im}=1V$，$f=100Hz$）　用双踪示波器同时观察输入与输出的波形，当输出波形出现失真时，可在电容 C_1 两端并联上一个 $100k\Omega$ 的电阻。根据 $u_o=U_{im}R_3C_1\sin(\omega t-90°)$，用示波器观测波形时，注意波形之间的相位关系。改变输入信号的频率，观测输入与输出信号的相位、幅值关系。

（2）信号发生器输入矩形波交流信号 $U_{im}=1V$，$q=50\%$（占空比）　用示波器同时观察输入与输出的波形，可以观察到微分运算电路输出信号形成的尖脉冲。

4.7.4　思考题

1. 电阻和电容本身就可以组成积分电路，为什么还要用运算放大器？
2. 积分电路和微分电路转换波形的原理是什么？

4.8　运放的非线性应用——电压比较、滞回比较电路

运放处于开环状态，具有很高的开环电压增益，当 u_i 在参考电压 U_{REF} 附近有微小的变化时，运放输出电压将会从一个饱和值过渡到另一个饱和值。电压比较器是一种用来比较输入信号 u_i 和参考信号 U_{REF} 的电路。

4.8.1　实验目的

1. 熟悉单门限电压比较器、滞回比较器的电路组成特点。
2. 了解比较器的应用及测试方法。

4.8.2 实验要求

1. 观察过零比较器的电压传输特性及输入与输出波形。
2. 观察滞回比较器的电压传输特性及输入与输出波形。

4.8.3 实验内容

1. 单门限电压比较器

当同相输入端接参考电压 U_{REF}，反相输入电压 $U_i > U_{REF}$ 时，比较器输出 $U_o = -U_Z = -8.1V$；反相输入电压 $U_i < U_{REF}$ 时，比较器输出 $U_o = +U_Z = +8.1V$。

(1) 反相输入电压比较器　电路如图 4-39 所示，开关 J_1 接地时，设置参考电压 $U_{REF} = 0V$，u_i 输入正弦交流信号（$U_i = 1V$，$f = 500Hz$），电路构成反相输入过零比较器。用双踪示波器观察输入与输出的波形，可以观察到正弦波变为方波。

开关 J_1 接电压源 V_1 时，参考电压 $U_{REF} = 2V$，电路构成反相输入比较器，用示波器观察输入与输出的波形。

(2) 同相输入电压比较器　把输入信号接在同相端，参考电压接在反相端，按电路图 4-40 接线，进行和反相输入电压比较器相同的操作，用双踪示波器观察输入与输出的波形。

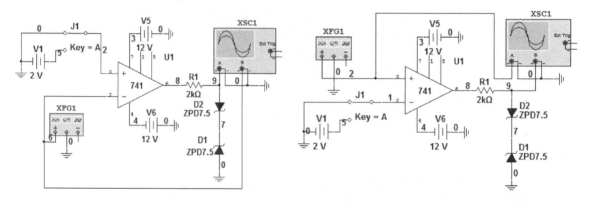

图 4-39　反相输入电压比较器电路　　　　图 4-40　同相输入电压比较器电路

2. 滞回比较器

滞回比较器电路如图 4-41 所示，构成反相输入滞回比较器，输入正弦交流信号 u_i（$U_i = 1V$，$f = 500Hz$）。用双踪示波器观察输入与输出的波形，对比上门限电压 U_{T+}（$U_{T+} = R_1 U_{oH}/(R_1 + R_2)$）和下限门电压 U_{T-}（$U_{T-} = R_1 U_{oL}/(R_1 + R_2)$）的理论值和仿真值。

当电阻 R_2 改为可调电阻时，如图 4-42 所示，此时上门限电压 U_{T+} 和下门限电压 U_{T-} 可调。用双踪示波器观察输入与输出的波形，并观察门限电压的变化情况。

4.8.4 思考题

1. 当滞回比较器输入交流信号的 U_{im} 值小于门限电压 U_T 时，比较器输出会出现什么情况？
2. 电压比较器的输出由谁决定？如何调整？

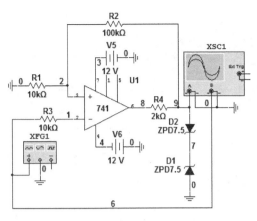 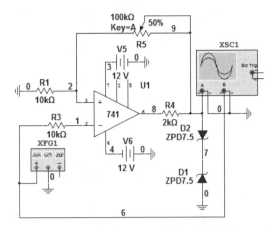

图 4-41　滞回比较器电路　　　　　图 4-42　门限电压可调滞回比较器电路

4.9　波形产生电路

当运放连接成正反馈时可构成比较器电路，在比较器电路的基础上可以利用运放构成非正弦波电路。

4.9.1　实验目的

1. 熟悉利用运算放大器设计波形发生电路。
2. 掌握波形发生电路的特点和分析方法。

4.9.2　实验要求

1. 用运算放大器组成正弦波振荡电路。
2. 设计方波、矩形波、三角波和锯齿波发生电路。
3. 观测振荡电路的起振过程，产生波形的周期和频率。
4. 改变电路的参数观察产生波形的变化。

4.9.3　实验内容

1. *RC* 正弦波电路

RC 正弦波发生器（也称文氏电桥振荡器），这个电路由两部分组成，即放大电路 A_V 和选频网络 F_V。正弦波振荡应满足两个条件，即振幅平衡及相位平衡。

1）按电路图 4-43 接线，用示波器观察输出波形 u_o，调节电位器 RP 使 u_o 为正弦波，且幅值最大。

2）用双踪示波器观测 u_o 的幅值和周期，振荡频率为 $f = 1/(2\pi R_1 C_1)$，对比理论值和仿真值是否一致。

3）分别将电位器 RP 滑动端左右调整，用双踪示波器观察 u_o 的波形变化并分析原因。

4）如图 4-44 所示，电路变成频率可调的正弦波振荡电路。在 $R_1 = R_2$ 条件下改变电阻值，调节电位器 RP 使 u_o 为正弦波且幅值最大，用双踪示波器观察 u_o 的波形，观测振荡频率仿真值并和理论值对比。

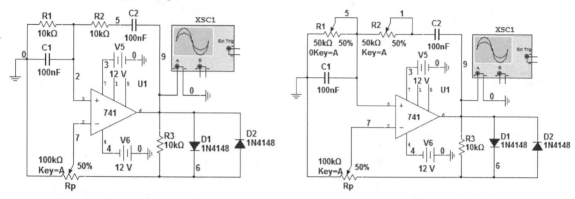

图 4-43　RC 正弦波振荡电路　　　　　图 4-44　频率可调的 RC 正弦波振荡电路

2. 方波发生电路

方波发生器是在滞回比较器的基础上，增加了由 RC 组成的积分电路，由于电容上的电压不能突变，只能由输出电压 u_o 通过电阻 RP 按指数规律向电容 C 充放电来建立。

1) 方波发生电路如图 4-45 所示，调节电位器 RP，用示波器观察 u_o 和 u_C 的波形（u_o 幅值、周期是否变化，是增加还是减小，计算占空比 q）。占空比 q 为方波波形高电平的持续时间与方波周期之比。

2) 当 $R_F = R_{RP} + R_{RP1} = 10\text{k}\Omega$ 时，用双踪示波器观察 u_C 和 u_o 的波形。

3) 把 R_1 换成可调电阻，电路如图 4-46 所示，改变 R_1 电阻值，输出方波的周期为 $T = 2R_F C_1 \ln(1 + 2R_1/R_2)$，用双踪示波器观察方波周期的改变情况并和理论值进行对比。

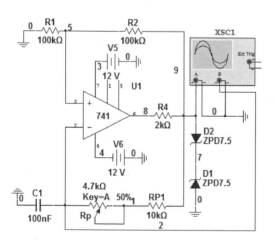　　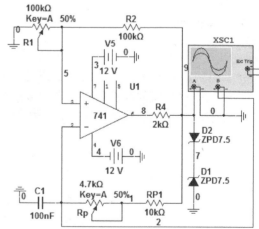

图 4-45　方波发生电路　　　　　图 4-46　周期可调方波发生电路

3. 矩形波发生电路

方波是占空比 $q = 1/2$ 的矩形波，方波电路中的充放电的时间常数不同时，就可以产生矩形波。占空比可调的矩形波发生电路如图 4-47 所示，调节 R_3 的阻值，观察矩形波占空比的变化。

第 4 章 模拟电子技术仿真实验 161

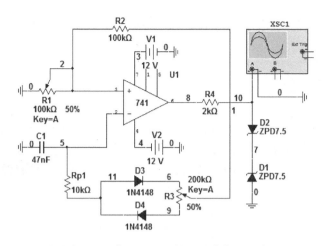

图 4-47 占空比可调的矩形波发生电路

4. 三角波发生器

方波积分时就可以得到三角波，因此在方波发生电路的基础上加入积分电路就可以得到三角波的输出。三角波发生器电路如图 4-48 所示，调节可调电阻 R_6，观测三角波周期和幅值的变化。

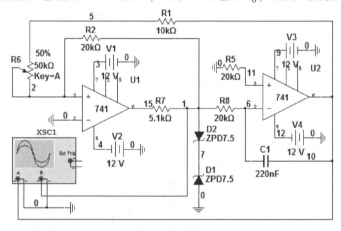

图 4-48 三角波发生器电路

5. 锯齿波发生器

矩形波和三角波的不同之处在于波形上升和下降的斜率不对称，因此在三角波电路的基础上使电路中的积分电容充放电路径不同，就可以输出锯齿波。锯齿波发生器电路如图 4-49 所示，调节 RP 的阻值，用示波器观察锯齿波波形的变化情况。

4.9.4 思考题

1. 如何用示波器测量振荡电路的振荡频率？

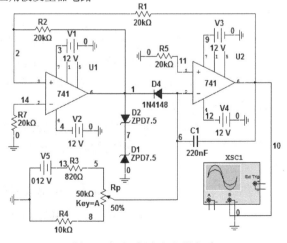

图 4-49 锯齿波发生器电路

2. 在 RC 正弦波振荡电路中，输出信号稳幅振荡时，集成运放是工作于线性状态还是非线性状态？

4.10 有源滤波电路

由集成运放和电阻 R、电容 C 可以构成有源滤波电路，滤波电路根据工作范围可以分为低通、高通、带通和带阻四种类型。按照滤波电路传递函数的阶数可分为低阶和高阶，阶数越高其幅频特性通带外衰减越快，滤波效果越好。本节主要介绍二阶有源滤波电路。

4.10.1 实验目的

1. 掌握集成运放在有源滤波电路中的应用。
2. 掌握有源滤波器的调试和幅频特性的测试方法。
3. 了解电阻、电容对滤波电路性能的影响。

4.10.2 实验要求

1. 用运放、电阻和电容组成有源低通滤波、高通滤波和带通、带阻滤波器。
2. 测量有源滤波器的幅频特性。
3. 测量低通、高通滤波的截止频率。
4. 测量带通和带阻滤波电路的中心频率。

4.10.3 实验内容

1. 二阶有源低通滤波电路

典型的二阶有源低通滤波电路如图 4-50 所示，由两级 RC 滤波环节与同相比例运算电路组成，其中第一级电容 C_1 接至输出端，引入适量的正反馈，以改善幅频特性。

（1）输入幅值为 $U_i = 1V$ 的正弦波信号　在滤波器截止频率附近改变输入信号频率，用示波器或万用表交流电压档观察输出电压幅度的变化是否具备低通特性。二阶低通有源滤波截止频率为 $f_0 = \dfrac{1}{2\pi RC}$。

（2）伯德图仪观察幅频特性　对伯德图仪的控制面板进行设置，设定垂直轴的终值 $F = 40\mathrm{dB}$、初值 $I = -200\mathrm{dB}$，水平轴的终值 $F = 1\mathrm{kHz}$、初值 $I = 1\mathrm{Hz}$，且垂直轴和水平轴的坐标全设为对数方式（lg）。观察幅频特性曲线，测量截止频率并和理论值对比。

2. 高通滤波电路

与低通滤波器相反，高通滤波器用于通过高频信号，衰减或抑制低频信号。只要将图 4-50 所示低通滤波电路中起滤波作用的电阻、电容互换，即可变成二阶有源高通滤波器，电路如图 4-51 所示。

（1）输入 $U_i = 1V$ 的正弦波信号　在滤波器截止频率附近改变输入信号频率，观察电路是否具备高通特性。二阶有源高通滤波截止频率为 $f_0 = \dfrac{1}{2\pi RC}$。

（2）伯德图仪观测幅频特性　对伯德图仪的控制面板进行相同的设置，观察幅频特性曲线，测量截止频率并和理论值对比。

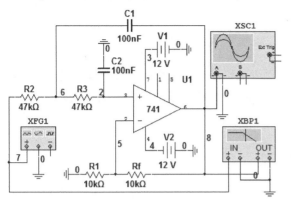

图 4-50 低通滤波电路

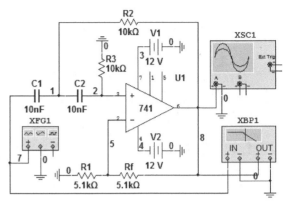

图 4-51 高通滤波电路

3. 带通滤波电路

带通滤波器的作用是允许在某一个通频带范围内的信号通过，而比通频带下限频率低和比上限频率高的信号均加以衰减或抑制。典型的带通滤波器可以从二阶低通滤波器中将其一级改成高通而成，电路如图 4-52 所示。

带通滤波中心频率为 $f_0 = \dfrac{1}{2\pi}\sqrt{\dfrac{1}{R_3 C_1 C_2}\left(\dfrac{1}{R_1} + \dfrac{1}{R_2}\right)}$。对伯德图仪的控制面板进行相同的设置，观察幅频特性曲线，观察中心频率并和理论值对比。改变信号源的频率，测量下限频率 f_L 和上限频率 f_H。

4. 带阻滤波电路

带阻滤波电路的性能与带通滤波电路相反，即在规定的频带内，信号不能通过（或受到很大衰减或抑制），而在其余频率范围，信号则能顺利通过。带阻滤波电路如图 4-53 所示，在双 T 网络后加一级同相比例运算电路就构成了基本的二阶有源带阻滤波电路。带阻滤波中心频率为 $f_0 = \dfrac{1}{2\pi RC}$。对伯德图仪的控制面板进行相同的设置，观察幅频特性曲线，观察中心频率并和理论值对比。

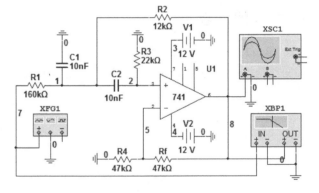

图 4-52 带通滤波电路

4.10.4 思考题

1. 如何区别有源滤波是一阶还是二阶的电路？它们有什么相同和不同点？

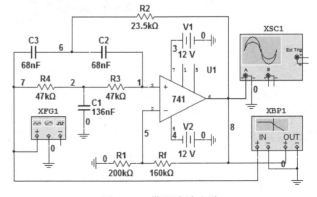

图 4-53 带阻滤波电路

2. 带通和带阻滤波电路作用有什么不同?

4.11 直流稳压电源电路

整流电路用于将交流电压转换成脉动的单向直流电压。滤波电路用于将脉动的直流电压转换成较平滑的直流电压。稳压电路用于克服电网电压、负载和温度等因素引起的扰动,输出稳定的直流电压。

4.11.1 实验目的

1. 熟悉单相交流电的整流过程。
2. 掌握整流、滤波、稳压电路的工作原理。
3. 掌握稳压电源电路的主要性能指标和测试方法。

4.11.2 实验要求

1. 掌握稳压电源电路的构成、各部分的作用。
2. 掌握稳压电源电路的参数意义和计算方法。

4.11.3 实验内容

1. 单相桥式整流滤波电路

变压整流滤波电路如图 4-54 所示,变压器二次侧得到有效值为 17.6V 的正弦波交流信号。

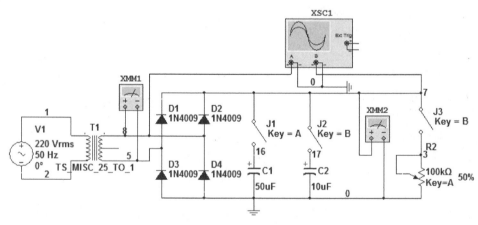

图 4-54 变压整流滤波电路

(1) 桥式整流电路 单相桥式整流是将交流电压通过二极管的单向导电作用变为单方向的脉动直流电压。负载上的直流电压 $U = 0.9U_2$。电路如图 4-54 所示,用示波器观察变压器降压后电压 U_2 和整流后波形及滤波后 U_3 的波形,同时分别用万用表交流电压档测量 U_2(交流有效值)和直流电压档测量 U_3(直流平均值)的大小,该项实验分三种情况进行,见表 4-10。

(2) 加电容滤波电路 加电容滤波电路是通过电容的能量存储作用,降低整流电路含有的脉动部分，保留直流成分。负载上的直流电压随负载电流增加而减小，纹波的大小与滤波电容 C 的大小有关。电阻 R 和电容 C 越大，电容放电速度越慢，则负载电压中的纹波成分越小，负载上平均电压越高。在图 4-54 所示电路中，当 C 值一定，$R_L = \infty$（空载）时，$U_3 \approx 1.4 U_2$；当接上负载 R_L 时，$U_3 \approx 1.2 U_2$。

表 4-10　单相桥式整流、加电容滤波电路实验数据

项　目	参　数			U_3/U_2（计算）
	U_2/V	U_3/V		
		理论值	实测值	
桥式整流不加电容滤波	17.6			
桥式整流加 10μF 电容滤波	17.6	$R_L = \infty$		
		$R_L = 10\text{k}\Omega$		
桥式整流加 50μF 电容滤波	17.6	$R_L = \infty$		
		$R_L = 10\text{k}\Omega$		

2. 三端集成稳压电路

三端集成稳压电路如图 4-55 所示，此电路是用三端集成稳压块 W7805 的 LM7805CT 模块实现、与降压整流电路组成的输出固定 +5V 的稳压电路。用示波器观测输出波形，并测试三端集成稳压电路质量指标。

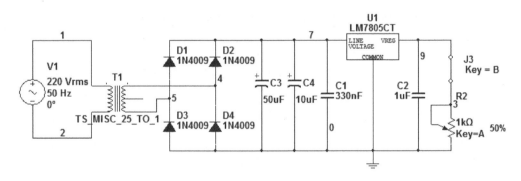

图 4-55　三端集成稳压电路

（1）测量稳压系数 γ（电压稳定度）　当 U_2 电压变化时，输出电压会随之改变，由此检查稳压电路的电压稳定度。仿真电路中变压器只有两个抽头的，因此换用可调的信号源作为变压器二次侧的电压，如图 4-56 所示，用万用表交流电压档可以测量具体给定 U_2 的值，负载电阻 $R_L = 10\Omega$，测量对应的输入电压 U_i 和输出电压 U_o 的值，并将以上数据填入表 4-11 中。

表 4-11　稳压系数测量数据（测试条件 $R_L = 20\Omega$）

U_2/V	U_i/V	U_o/V	$\gamma = (\Delta U_o/U_o)/(\Delta U_i/U_i)$
15			
12			
13.5			
10.5			

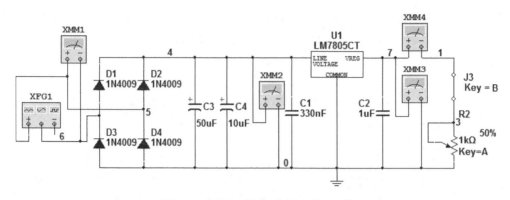

图 4-56　测量三端集成稳压质量电路

（2）测量外特性及纹波电压 $U_{o(\sim)}$　测量三端集成稳压质量电路如图 4-56 所示，当 $U_2 =$ 12V 时，改变负载电阻 R_L 的大小，逐次测量各个对应 I_o、U_o 和纹波电压 $U_{o(\sim)}$ 值（用万用表交流电压档测量 $U_{o(\sim)}$ 即交流分量的有效值），并将数据填入表 4-12 中。

表 4-12　外特性及输出电阻测量数据

R_L/Ω	∞（空载）	30	20	10
I_o/mA				
U_o/V				
$U_{o(\sim)}$/mV				

4.11.4　思考题

1. 如果整流电路中某个二极管开路、短路或者反接时，对电路产生什么影响？
2. 在整流电路中如何选择整流二极管？
3. 稳压电源输入和输出电压之间有什么限制？

第5章 模拟电子技术从理论到实践的关键性认识

"模拟电子技术"作为一门电子技术领域的专业基础课,其理论教学一方面强调基本原理和基本分析方法;另一方面这门课程还要强调理论与实践的结合,着眼于解决纷繁复杂的实际问题。大多数学生在课程入门的时候感觉比较困难,很多概念不好理解和掌握。究其原因,除了模拟电子技术教学内容本身的复杂性之外,还有一个重要的"思维定势"的影响,那就是与先修课程"电路分析基础"相比,模电课程具有以下几个差异很大的特点,由此产生出相应的学习屏障。

(1) 非线性 模拟电子技术中,电路的基本元件为二极管和晶体管,它们均为非线性元件,因而分析和计算均围绕非线性电路进行。而学生此前接触到的都是线性电路的系统学习,学生对线性元件(如电阻)的分析烂熟于心,因而碰到新的非线性元件,他们本能地采取线性电路的思维去思考,所以从线性思维到非线性思维的转变需要一个接受过程。

(2) 复杂性 模拟电子技术中的放大电路往往是交直流信号共存,它们相互纠缠,如影随形,增加了分析问题的难度。先前电路分析基础的教学体系是将直流电路和交流电路放置在不同章节分别讲解,直流电路中只有单一的直流信号,交流电路中只有单一的交流信号,两者互不相干。因此,学生对模拟电路中直流和交流信号共存的情况束手无策。学生从单一的直流或者交流电路分析过渡到交直流共有的复杂电路,需要一个逐步适应的阶段。

(3) 工程性 模拟电路中影响电路工作状态的因素往往很复杂,加之电子器件的特性和参数的分散性较大。因此,在对电路进行分析计算时要从实际出发,抓主要矛盾,用工程的观点进行估算,以达到事半功倍的效果。学生长期以来一直接受的学习理念:求解问题要求逻辑上的严密和数学上的精确,但在模拟电路中这种惯性思维却往往成为解题的障碍,它使问题复杂化甚至无从下手。学生头脑中还没有建立工程思维,所以从精确、严谨到粗略、估算需要慢慢改变思维习惯。

综上所述,模拟电子技术的学习从理论知识过渡到实践中的分析和应用,需要先解决从"电路"到"模拟电路"的思维转换,这种转变应该首先从模拟电子技术中几个关键性的概念开始。如果学生能够深刻理解这些重要的专业概念,那么模拟电子技术从理论知识到实践能力的过渡也就会衔接得非常好。

5.1 线性思维到非线性思维的转换——线性元件和非线性元件

前面提到模拟电子技术中,电路的基本元件为二极管和晶体管,它们均为非线性元件。而学生此前接触到的都是"电路"中的线性系统,对线性元件(电阻)的分析较为熟悉。因此,碰到新的非线性元件,习惯性地采取线性电路的思维去思考,所以学生从线性思维到非线性思维的转变需要一个接受过程。为了能够更快地实现这个转变,需要清晰准确地认识两者的本质区别。

5.1.1 两者的本质区别

界定"线性元件和非线性元件"的标准是"元件的伏安特性曲线是否直线地通过坐标原点"。例如,在金属导体中,电流跟电压成正比,伏安特性曲线是通过坐标原点的直线,具有这种伏安特性的电学元件称为线性元件。一般的电阻元件属于线性元件。而非线性元件是一种通过它的电流与加在它两端的电压不成正比的元器件,即它的阻值随外界情况的变化而改变。**求解含有非线性元件的电路问题通常需要借助以下工具:在定性分析中,重点是借助于伏安特性,把握非线性元件的工作状态和相应特性;在定量计算中,一般需要借助于等效模型,此时求出的只能是近似结果。**

图 5-1 所示为线性非时变电阻和二极管的伏安特性,从中可以发现:线性元件的特性是一致的;而非线性元件的根本特点是,伏安特性不是一成不变的,是随着外加电压的变化而变化的,是真正的"多面"元器件。在分析含有非线性元件的电路时,**需要牢记的是,根据外加电压条件首先判断非线性元件的工作状态,然后在此基础上分析整个电路的工作情况。**

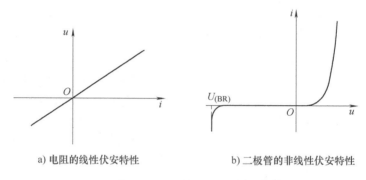

a) 电阻的线性伏安特性　　b) 二极管的非线性伏安特性

图 5-1　线性元件与非线性元件的伏安特性比较

这里有一个问题需要明确,普通电阻是线性元件,那么电容和电感呢?它们是线性的还是非线性的?

普通的电感和电容在常规工作范围内,属于线性元件。也就是说,它们的阻抗基本上与输入的电压或者电流无关。特殊的电感、电容甚至电阻是有非线性的,例如,饱和电抗器、饱和调压器的电抗电感、压敏电阻等属于非线性元件。**非线性元器件的显著特点,就是阻抗随输入电压(或者电流)的变化而变化。**

5.1.2 非线性元件的深度认识

单个 PN 结在外加电压的作用下实现了电流方向的控制,而两个 PN 结的聚合则完成了对电流大小的控制,所以 PN 结是半导体器件神奇功能的结构基础。单个 PN 结形成了二极管,两个 PN 结就构成了晶体管,这两种器件都是模拟电子技术中非常重要的非线性元件。下面具体分析在学习二极管、稳压管、晶体管这三种器件时可能遇到的认识难点,并且对三种器件的特性和实践应用做深入地讨论。

1. 二极管

在接触模拟电路的初期,由于线性电路的概念根深蒂固,初学者总是习惯于套用线性电路的分析模式。例如，已知某二极管的伏安特性（图 5-1b），求解图 5-2 所示电路中二极管的状态（电压、电流）。

如果继续沿用线性电路的思维方式，将二极管看成阻值固定的线性电阻，这样自然会出错。**因此在分析时要注意由于二极管伏安特性的非线性特点，其阻值在不同的工作点是各不相同的，**应从二极管在外电路中的方程 $U_D = U - RI$ 入手，通过作图法来求出工作点，然后求解出它工作的电压和电流值。

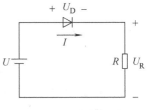

图 5-2 二极管电路

2. 二极管的应用电路

二极管的应用范围很广，都是利用了它的特殊性能——单向导电性，例如，可以用来整流、限幅、钳位和检波等，也可以构成保护电路，还可以在脉冲和数字电路中作为开关元件等。

（1）整流电路 利用二极管的单向导电性可以实现整流的目的，即将交流电压转换为直流电压。通常在分析整流电路时把二极管都近似为理想二极管。

图 5-3a 所示为全波整流电路，50Hz/220V 交流电压经过变压器降压转换成合适的二次电压，设 $u_2 = \sqrt{2}\,U_2 \sin \omega t$。

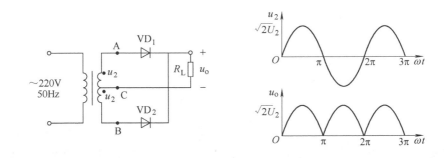

a) 电路   b) 输入与输出电压波形

图 5-3 全波整流电路

全波整流电路二极管的工作状况见表 5-1。

表 5-1 全波整流电路二极管的工作状况

外界条件	$u_2 > 0$（A 点为"+"B 点为"-"）	$u_2 < 0$（A 点为"-"B 点为"+"）
二极管的工作状态	VD_1 导通、VD_2 截止	VD_1 截止、VD_2 导通
电流流经方向	A→VD_1→R_L→C	B→VD_2→R_L→C
输出电压	$u_o = \sqrt{2}\,U_2 \sin \omega t$	$u_o = -\sqrt{2}\,U_2 \sin \omega t$

综上所述，输入与输出电压的波形对应关系如图 5-3b 所示。

（2）开关电路 二极管的伏安特性：当二极管正向导通时，其电阻很小，导通压降为硅管 0.6~0.7V，锗管 0.2~0.3V，均可近似忽略为 0，也就是说此时二极管相当于一个开关元件，处于闭合状态；当二极管反向截止时，只有一个微弱的饱和电流通过，可以近似理解为开关处于断开状态。因此根据二极管的这个外部特性，可以将其近似作为一个开关元件来使用。

在图 5-4 所示的"与门"电路中,二极管工作状态的分析过程如下:断开 VD_1 和 VD_2,u_{I1} 和 u_{I2} 分别取值为 0.3V 或 3V,输入电压波形如图 5-4b 所示。假设 $u_{I1}=0.3V$,$u_{I2}=3V$,此时输出端电压为 5V>3V>0.3V,两个二极管均为正向偏置;但是由于 u_{I1} 和 u_{I2} 电位不相等,则两者导通之后的输出端将存在电位矛盾(1V 还是 3.7V)的现象。因此两个二极管只能有一个优先导通,即加载正向偏置电压高的二极管先导通(VD_1 优先导通),则此时输出端的电位根据二极管的导通压降钳位在 1V,所以二极管 VD_2 由于反向偏置则不会导通。根据上述分析,可以得到"与门"电路的输出电压波形如图 5-4b 所示,只有当 u_{I1} 和 u_{I2} 均为 3V 的时候,输出电压才是高电平(3.7V)。

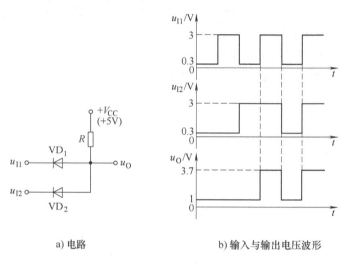

a) 电路　　　　　　b) 输入与输出电压波形

图 5-4　"与门"电路及电压波形

通过对这个电路的分析,可以得出二极管应用中的一个原则:**如果电路中出现两个以上二极管承受大小不相等的正向电压,则应判定承受正向电压较大者优先导通,其两端电压为导通电压降,然后再根据这个导通压降判断其他二极管的工作状态。**

(3) 二极管保护电路　利用二极管的单向导电性可以将其用作保护器件,如图 5-5 所示的二极管"续流"保护电路。当开关 S 闭合时,直流电源 U 接通电感量较大的线圈,二极管 VD 由于外加反向偏置电压而截止,全部电流流过电感线圈。当开关 S 断开时,电感线圈中的电流迅速降为 0,电感量较大的线圈两端会产生很大的负瞬时电压。如果没有提供另外的电流通路,该暂态电压将在开关两端产生电弧,损坏开关。如果在电路中接入二极管 VD,二极管 VD

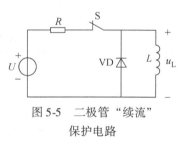

图 5-5　二极管"续流"保护电路

为电感线圈的放电电流提供了通路,使输出电压 u_L 的负峰值限制在二极管的正向压降范围内。开关 S 两端的电弧被消除,同时电感线圈中的电流将平稳地减少。

(4) 限幅电路　限幅电路又称为削波电路,其功能就是把输出信号限制在输入信号的一定范围之内,或者说将输入信号的某部分"削掉"。二极管可以组成单向或者双向的限幅电路,图 5-6 所示为二极管双向限幅电路。设 u_i 是幅值大于直流电源 $U_{C1}(=U_{C2})$ 的正弦

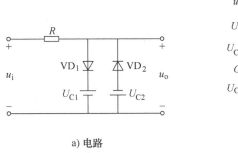
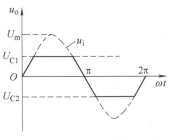

a) 电路　　　　　　　　　　　b) 输入与输出电压波形

图 5-6　二极管双向限幅电路

波，二极管的限幅原理见表 5-2。

表 5-2　二极管的限幅原理

外界条件	$0 < u_i < U_{C1}$	$u_i > U_{C1}$	$U_{C2} < u_i < 0$	$u_i < U_{C2}$
二极管的工作状态	VD_1、VD_2 截止	VD_1 导通、VD_2 截止	VD_1 截止、VD_2 导通	VD_1、VD_2 均截止
输出电压	$u_o = u_i$	$u_o = U_{C1}$	$u_o = U_{C2}$	$u_o = u_i$

（5）检波电路　无线电技术中经常要处理信号的远距离传输问题，即把低频信号（如声频信号）装载到高频振荡信号上并由天线发射出去。在电路分析时，通常将低频信号称为调制信号，高频振荡信号称为载波，受低频信号控制的高频振荡称为已调波，控制的过程成为调制。在接收地点，接收机天线接收到微弱的已调波信号，经放大后再设法还原成原来的低频信号，这一过程称为解调或者检波。

图 5-7a 为一已调波，图 5-7b 为二极管组成的检波器。其中，VD 为检波二极管，一般为点接触型二极管；C 为检波器负载电容，用于滤除检波后的高频成分；R_L 为检波器负载，用于获取检波后所需要的低频信号。由于二极管的单向导电性，已调波经过二极管的检波后，负半周被截去，如图 5-7c 所示。检波器负载电容将高频成分旁路，在 R_L 两端得到的输出电压就是原来的低频信号，如图 5-7d 所示。

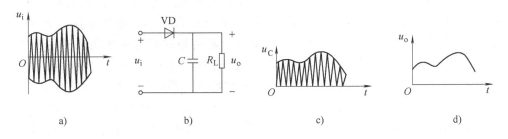

图 5-7　二极管检波电路

无论什么样的应用电路，二极管的分析都可以遵循下面的原则和方法：首先假设二极管断开，确定二极管两端的电位或电位差，以判断电路在二极管两端加的是正向电压还是反向电压。如果是正向电压，且大于开启电压，则二极管处于导通状态，两端的电压为二极管的导通压降；如果是反向电压，则说明该二极管处于截止状态，相当于断开。再比如，二极管的应用电路如图 5-8 所示。

在图 5-8a 中首先将 VD 断开，求得

$$U_A = U_C \frac{R_2}{R_1 + R_2} = 7.6\text{V} \tag{5-1}$$

因此 VD 正向偏置导通，其等效电路如图 5-8b 所示，由此求得

$$U_A = \left(\frac{U_C}{R_1} + \frac{U_D}{R_3}\right) \bigg/ \left(\frac{1}{R_1} + \frac{1}{R_2} + \frac{1}{R_3}\right)$$

$$= \left(\frac{10\text{V}}{3\text{k}\Omega} + \frac{0.7\text{V}}{2\text{k}\Omega}\right) \bigg/ \left(\frac{1}{3\text{k}\Omega} + \frac{1}{10\text{k}\Omega} + \frac{1}{2\text{k}\Omega}\right)$$

$$\approx 3.95\text{V} \tag{5-2}$$

流过二极管的电流为

$$I_D = \frac{3.95\text{V} - 0.7\text{V}}{2\text{k}\Omega} \approx 1.63\text{mA} \tag{5-3}$$

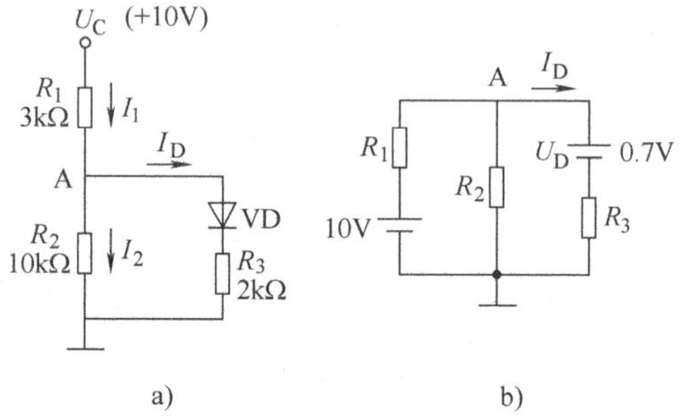

图 5-8 二极管的应用电路

3. 晶体管放大作用的全面理解

前面提到单个 PN 结构成一个二极管，实现了对电流方向的控制；两个"背靠背"的 PN 结则构成了一只晶体管，实现了对电流大小的控制，即具有了神奇的放大作用。这充分说明电子元器件的发展是具有结构上的继承性的。为了更好地了解晶体管是如何继承并发展了 PN 结的特殊作用，从而实现了放大的功能，需要对晶体管有一个全面的认识。

（1）内部需要满足的条件　从晶体管的内部结构可以看出，集电极和发射极之间为两个反向连接的 PN 结，这是否意味着可以用两只二极管反向连接成一只晶体管呢？答案是否定的。为什么呢？**这是因为在制造一只合格的晶体管时，要想使其具有放大能力，必须首先满足一定的内部条件：①发射区掺杂浓度远大于基区掺杂浓度；②基区宽度很薄（仅几微米左右）；③发射区与集电区虽是同型半导体，但两者根本不对称，集电区掺杂浓度比发射区掺杂浓度小得多，且集电区比发射区的面积大。因此在使用时，发射极与集电极不能互换。**很显然，两只二极管反向连接根本无法满足上述三个内部条件，所以它们不能等同于一个晶体管。

（2）外部需要满足的条件　晶体管具有电流放大作用，这种放大作用的实现除了晶体管结构上的内部条件之外，还需要外部条件的同时满足，那就是发射结正偏、集电结反偏。只有当"内因"和"外因"同时作用于晶体管时，其内部的载流子才能够体现出"神奇"的电流控制作用——集电极电流 I_C 与基极电流 I_B 成正比，I_B 对 I_C 有控制作用。

（3）由晶体管输出特性曲线看它的工作状态和特点　晶体管的特性曲线（特别是输出特性曲线）和主要参数是分析晶体管电路和实际中选择使用晶体管的主要依据。**放大电路中的晶体管工作在特性曲线中的线性区**，此时基极电流控制集电极电流，晶体管元件等效为一个电流控制电流的受控源。脉冲数字电路中，晶体管工作在饱和或截止状态，此时的晶体管可以理解为受基极电流控制的电子开关，饱和时集电极和发射极之间的压降很小，可以近似为短路一样；而在截止时集电极电流近似为 0，集电极和发射极之间又似为开路一样。表 5-3 总结了晶体管在输出特性曲线的三个不同工作区域对应的工作状态和特点。

表 5-3　晶体管的三种工作状态和特点

晶体管的工作状态	饱　和	放　大	截　止
外部条件	发射结正偏、集电结正偏	发射结正偏、集电结反偏	发射结零偏或反偏、集电结反偏
工作特点	I_C 接近最大值，$U_{CE} \approx 0$	$I_C = \beta I_B$，U_{CE} 与 I_C 成线性关系	$I_C \approx 0$，$U_{CE} \approx V_{CC}$
用途	开关（闭合）	信号放大	开关（断开）

5.2　用二端口网络解析放大电路输入和输出电阻的含义

为了更好地分析放大电路与信号源以及负载之间的关系，可以将放大电路等效为一个二端口网络，如图 5-9 所示。从输入端看进去，放大电路等效为一个电阻 R_i，这个电阻就是放大电路的输入电阻；从输出端看进去可以等效为一个有内阻的电压源，这个内阻 R_o 就是放大电路的输出电阻。**利用二端口网络的这个等效模型，可以很清楚地看到，放大电路的输入电阻 R_i 不包含信号源的内阻 R_s，放大电路的输出电阻 R_o 中不可以包含负载 R_L。**

输入电阻这个性能指标实质上是反映放大电路对信号源的影响程度。为什么输入电阻能表明放大电路对信号源的影响程度呢？可以从这个二端口网络等效的模型中进行分析：由 $I_i = U_s / (R_s + R_i)$ 知，R_i 越大，则放大电路从信号源索取的电流 I_i 越小，信号源内阻上的电压就越低，而 $U_i = U_s - I_i R_s$，所以放大电路所

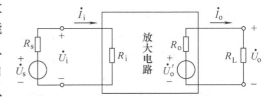

图 5-9　放大电路等效为二端口网络电路

得到的输入电压 U_i 就越接近于信号源的电压 U_s。由此可以看出，通常情况下希望放大电路输入电阻 R_i 能高一些，但是有时候也要根据实际需要而定。可以简单归结为：当放大电路主要用作电压放大时，应使输入电压尽可能接近于信号源电压，这时要求输入电阻 R_i 尽可能大，一般电子设备的输入电阻都比较大；当放大电路主要用作电流放大时，需要输入电流尽可能大，因此要求输入电阻 R_i 尽可能小。

输出电阻是反映放大电路带负载能力的性能指标。输出电阻 R_o 越小，负载电阻变化时，输出电压的变化越小，这时放大电路的带负载能力就强。因为 $U_o = U'_o R_L / (R_L + R_O)$，当输出电阻 R_o 趋于 0 时，则其输出电压 U_o 近似为恒压源，带负载能力达到最强，通常希望放大电路的输出电阻能低一些。若放大电路的输出电阻 R_o 趋于无穷大，则其输出电压 U_i 近似为恒流源。在设计电路时，输出电阻的大小应视负载的需求而定。

如图 5-10 所示，当两个放大电路相互连接时，放大电路Ⅱ（后级）的输入电阻 R_{i2} 是放大电路Ⅰ（前级）的负载电阻，它的大小能够影响前级放大电路的电压放大倍数；而放大电路Ⅰ是放大电路Ⅱ的信号源，信号源的内阻就是放大电路Ⅰ的输出电阻 R_{o1}，这个内阻的大小会影响前级放大电路对后级放大电路的驱动能力。**由此可见，输入电阻和输出电阻两个性能指标正是描述了电子电路相互连接时所产生的影响。**

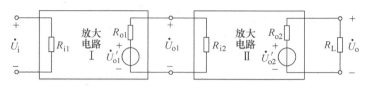

图 5-10 两级放大电路的结构示意图

5.3 深刻理解放大电路的难点——交直流共存

前面提到模拟电子技术中的放大电路是交直流信号共存的,它们相互依存,如影随形,增加了分析的难度。以前电路分析基础的教学体系是将直流电路和交流电路放置在不同章节分别讲解,直流电路中只有单一的直流信号,交流电路中只有单一的交流信号,两者互不相干。因此,学生对模拟电路中直流信号和交流信号共存的情况束手无策。初学者从单一的直流或者交流电路分析过渡到交、直流共有的复杂电路,需要一个逐步适应的阶段。

5.3.1 非线性元件引出的放大电路中的难题

顾名思义,模拟电子技术中的放大电路,是用于放大输入信号的电路。这里必须首先弄清楚几个前提条件和放大的基本概念。

1)信号源提供的输入信号通常是交流小信号,对于信号源的这一特点,一定要认识到位,否则不能准确理解为什么放大电路需要直流的静态工作点,这一点也是可以将晶体管近似等效为 h 参数线性模型的前提。

2)**有源元件(晶体管和场效应晶体管)是放大电路中控制能量转换的核心元件,即有源元件通过对直流能量的控制**,将其转换为负载所需要的交流能量,使负载获得的能量远远大于信号源所提供的能量。**有源元件这种控制转换能力必须通过使其工作在线性放大区才能实现。**

3)有源元件本身的外特性具有非线性,即它的工作状态存在截止、放大、饱和三个不同的区域,有源元件的特性并不是一成不变的线性,而是根据外加电压的不同条件处于不同的工作状态,从而呈现出不同的外特性。也就是说,并不是所有的外加电压都可以使有源元件工作在放大区。

4)放大电路必须满足不失真地、线性地放大输入信号才有意义,否则有源元件处于截止和饱和状态时放大电路产生的失真输出也可以视为正常了,显然这样的失真放大是不合要求的。

正是由于放大电路必须符合上述四个前提条件才能实现放大的功能,从而使得其必然是一个交直流共存的电路。因为信号源提供的交流信号不足以在整个周期内都使得有源元件工作在线性放大区,会出现部分时间内工作在截止区的现象。所以放大电路必须建立合适的直流静态工作点,才能够保证有源元件始终工作在线性放大区。**由此模拟电子技术中的放大电路就呈现出了两个鲜明的特点:①非线性元件和线性元件共存;②直流信号和交流信号共存。所以,放大电路的难点来自于这两个共存。**

模拟电路中对放大电路中非线性元件的处理,其核心思想是线性化,并有两种解决思路:一是图解法,二是微变等效电路法。图解法是利用非线性元件的电气特性曲线,通过作图的办法来分析电路的工作情况。它的特点是可以直观形象地描绘出电路工作的全貌,求解放大器的静态工作点和动态指标,特别是可以分析电路的非线性失真情况及最大不失真输出。微变等效电路法的主要思路,则是在一定条件下将含晶体管的非线性电子电路等效成含受控源的线性电路,利用线性电路的定理、定律来进一步分析放大电路。在这种方法中尤其要强调其应用的条件:"微变"——电路工作在交流小信号状态,而在大信号的情况下只能使用图解法,另外它只能求解电路的动态工作情况。**紧紧围绕以上两种思路,首先从线性思维过渡到非线性思维,然后用线性方法解决非线性难题,这是突破模拟电子技术课程入门难点的关键。**

5.3.2 "动静分离、先静后动"的分析方法

对于放大电路中交直流信号共存的复杂状况,需要采用"动静分离"的分析方法,即将动态(交流)信号和静态(直流)信号分开计算分析。相应地将放大电路分为交流通道和直流通道,静态工作点的计算在直流通道中进行,而动态技术指标的求解是在交流通道中进行。如此动静分离处理后就将放大电路的工作状态化难为易,可以直接利用"电路分析基础"中直流电路和交流电路的相关知识分别进行求解,最后再将求得的直流量和交流量叠加即得电路在交直流信号共同作用下的结果。

掌握该方法的关键是首先要正确画出直流通道和交流通道;其次是基本概念要清楚:**电压放大倍数、输入电阻、输出电阻和频率特性等动态性能都是在交流通路(微变等效电路)中进行求解的,不可以在直流通路中求解这些参数**。画直流通路和交流通路的技巧:直流通道较为简单,放大电路中的所有电容开路,信号源 u_s 短接;放大电路中所有电容对交流信号近似成短路,直流电压源也对交流短路,即得交流通道。

这里需要深入理解"先静后动"的含义,交流信号之所以在正负半周均能被不失真地放大,是因为直流通道给放大电路设置了合适的静态工作点,所以对放大电路先进行静态分析然后再动态分析才有意义。

1. 放大电路静态分析的思路

对于不同结构的放大电路而言,进行静态分析必须首先正确地画出直流通路,然后利用电路基本原理求解 Q 点,具体包括 I_{BQ}、I_{CQ} 和 U_{CEQ}。下面举例说明放大电路进行静态分析时的思路。

对于图 5-11 所示的直接耦合基本共射放大电路,其静态工作点的分析,尤其是 I_{BQ} 的求解需要格外注意。

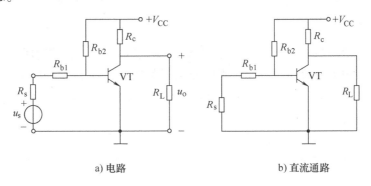

a) 电路   b) 直流通路

图 5-11 直接耦合基本共射放大电路

静态工作点的求取公式为

$$\begin{cases} I_{BQ} = \dfrac{V_{CC} - U_{BEQ}}{R_{b2}} - \dfrac{U_{BEQ}}{R_{b1} + R_s} \\ I_{CQ} = \beta I_{BQ} \\ U_{CEQ} = V_{CC} - I_{CQ}R_c \end{cases} \quad (5\text{-}4)$$

式中，I_{BQ} 的求解利用了节点电流方程以及 R_{b1} 和 R_s 上的电压为晶体管 b – e 间电压 U_{BEQ}。

2. 动态分析时的几个关键问题

对放大电路进行动态分析是希望能够了解其各项动态性能指标，包括电压放大倍数、输入与输出电阻、非线性失真情况、求解最大不失真输出电压。用图解法分析放大电路的非线性失真情况比较方便，求解其他交流性能指标用等效电路法。

（1）非线性失真分析

作为对放大电路的要求，一般应使输出电压尽可能的大，但它受到晶体管非线性的限制。当输入信号过大或者静态工作点选择不合适时，输出电压波形将产生失真。这种由于晶体管非线性引起的失真，称为非线性失真。输入信号过大将导致输出电压波形失真，这一点很好理解，因为放大电路是借助于晶体管把直流电源的能量转换为交流能量，而直流电源的能量是有限的。当输入信号过大时，直流能量不足以转换为相应的交流能量，此时的晶体管肯定会进入饱和区，从而出现非线性失真。如果非线性失真是由静态工作点设置不合理而产生的，需要结合图解法进行分析。

下面对直流负载线和交流负载线进行分析。

1）直流和交流负载线的基本概念：首先需要明确的是直流负载线是依据放大电路的直流通路得来的，通常是在晶体管的输出特性曲线中讨论。下面以阻容耦合方式的基本共射放大电路为例来分析直流负载线的基本概念。既然是在晶体管的输出特性曲线中研究它，所以现在只关注直流通路中输出回路部分，如图 5-12a 所示。直流负载线描述的是集电极电流 i_C 和 u_{CE} 之间的关系，那么两者需要满足什么样的约束条件？以虚线 MN 为界将输出回路分成两部分，在电路左边是非线性元件晶体管，i_C 和 u_{CE} 需要满足晶体管的输出特性曲线，如图 5-12b 所示。在电路右边是晶体管的外电路 V_{CC} 和 R_c，它们是线性元件，i_C 和 u_{CE} 满足基尔霍夫电压定律 $u_{CE} = V_{CC} - i_C R_c$。根据两个特殊点 $\left(0, \dfrac{V_{CC}}{R_c}\right)$ 和 $(V_{CC}, 0)$ 确定了这条直线，如图 5-12c 所示。因为它反映了直流通路中放大电路所接外电路的伏安特性，所以称为直流负载线，它的斜率为 $-\dfrac{1}{R_c}$。

由于输出回路中左右两边电路是连在一起的，所以 i_C 和 u_{CE} 应该同时满足左边的晶体管输出特性曲线和右边的直流负载线，二者的交点就是放大电路的静态工作点 Q，如图 5-12d 所示。这样根据估算的 I_{BQ} 就可以求出 I_{CQ} 和 U_{CEQ}，由此可见借助于直流负载线的引入，可以很方便地求解出放大电路的静态工作点 Q。

对于直流负载线，也可以这样理解：在直流通路中，无论输入回路中的基极电流 I_{BQ} 如何取值，由它确定的 I_{CQ} 和 U_{CEQ} 始终都是在这条直线上，所以**直流负载线是放大电路静态工作点 Q 的"集合"**。

还是以阻容耦合基本共射放大电路为例来分析交流负载线的基本概念。将此时放大电路交流通路对应的输出回路用图 5-13a 表示，交流负载线描述的是交流部分即变化量 Δi_C 和

第 5 章 模拟电子技术从理论到实践的关键性认识

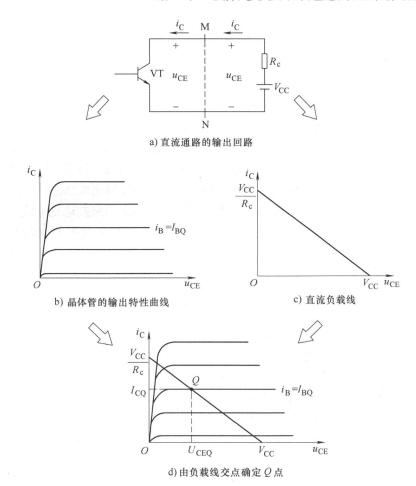

图 5-12 阻容耦合基本共射放大电路的直流负载线

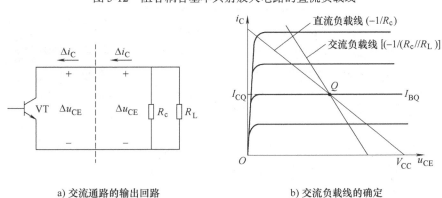

a) 交流通路的输出回路　　　　　b) 交流负载线的确定

图 5-13 阻容耦合基本共射放大电路的交流负载线

Δu_{CE} 之间的对应关系。用同样的方法可以知道：Δi_C 和 Δu_{CE} 之间既满足左边晶体管的输出特性又满足右边基尔霍夫电压定律的线性关系，此时的斜率不是 $-\dfrac{1}{R_c}$，而是 $-\dfrac{1}{R_c // R_L}$。静态工作点 Q 可以理解为变化量为 0 的全量，也就是说 Q 点是交流负载线上的一个点，它是晶体管工作的交流零点,因此通过 Q 点做一条斜率为 $-\dfrac{1}{R_\mathrm{c}/\!/R_\mathrm{L}}$ 的直线就是放大电路的交流负载线,如图 5-13b 所示。**在晶体管的输出特性曲线上以全量(叠加 Q 点)的变化量画出这条直线,则这条交流负载线就可以理解为晶体管工作点(静态直流量 Q + 动态交流量)的运动轨迹。**借助于交流负载线,可以很方便地分析出放大电路的动态性能指标——最大不失真输出电压,具体求解的办法在后面的论述中会详细讲解。

2)放大电路直流和交流负载线引入的意义:由上述分析直流和交流负载线基本概念的过程,可以很自然地了解到:**在分析放大电路时,借助于直流负载线可以很快地确定出静态工作点 Q,借助于交流负载线可以很方便地求解出最大不失真输出电压。**这就是引入交直流负载线的意义所在。除此之外,在分析这两条负载线时,输出回路左边是非线性元件,右边是线性元件;静态工作点 Q 是变化量为 0 的特殊工作点。这些都说明了放大电路中非线性元件和线性元件并存,直流量和交流量并存。

3)放大电路耦合方式对直流和交流负载线的影响:前面分析的是阻容耦合放大电路的直流和交流负载线,这种耦合方式下两者是不重合的。根据两者的斜率,可以很容易地判断:此时放大电路所接负载的大小对直流负载线没有影响,但对交流负载线是有影响的。

那么对于直接耦合形式的放大电路而言,情况又是怎样的呢?首先根据直接耦合放大电路在两种通路中拥有相同的外电路,可以得出:此时交流和直流负载线是重合的,斜率是一致的,也就是说在这种耦合方式下放大电路所接负载的大小对这条重合的负载线是有影响的。这一点与前面阻容耦合的情况是有所区别的。

4)最大不失真输出电压的求解:基本共射放大电路如图 5-14a 所示,图 5-14b 所示是晶体管的输出特性,静态时 $U_\mathrm{BEQ}=0.7\mathrm{V}$。利用图解法分别求出 $R_\mathrm{L}=\infty$ 和 $R_\mathrm{L}=3\mathrm{k}\Omega$ 时的静态工作点和最大不失真输出电压(有效值)U_om。

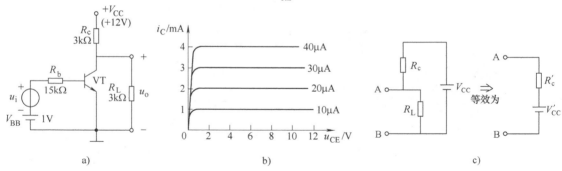

图 5-14 基本共射放大电路

解:$R_\mathrm{L}=\infty$ 即空载时,首先计算静态($u_\mathrm{i}=0$)基极电流的大小为

$$I_\mathrm{BQ}=\dfrac{V_\mathrm{BB}-U_\mathrm{BEQ}}{R_\mathrm{b}}=20\mu\mathrm{A} \qquad (5\text{-}5)$$

根据两个特殊点($V_\mathrm{CC}=12\mathrm{V}$,0)和 $\left(0,\dfrac{V_\mathrm{CC}}{R_\mathrm{c}}=4\mathrm{mA}\right)$ 在输出特性曲线上作出空载时的负载线(此时交直流负载线重合),如图 5-15 所示。

图 5-15 基本共射放大电路的图解法

由 $I_{BQ} = 20\mu A$ 求出此时的静态工作点 Q_1（$U_{CEQ} = 6V$，$I_{CQ} = 2mA$），最大不失真输出电压峰值为

$$U_{omax} = \min\{V_{CC} - U_{CEQ}, U_{CEQ} - U_{CES}\} \approx 6V - 0.7V = 5.3V \tag{5-6}$$

式中，U_{CES} 是晶体管的饱和管压降。其有效值约为 $3.75V$。

$R_L = 3k\Omega$ 即带载时，首先利用戴维南定理对输出回路进行等效变换，如图 5-14c 所示，求出等效电源和等效电阻为

$$V'_{CC} = \frac{R_L}{R_c + R_L} V_{CC} = 6V$$

$$R'_c = R_c /\!/ R_L = 1.5k\Omega$$

此时的负载线（也重合）可以表示为 $u_{CE} = V'_{CC} - i_C R'_c$；同样根据两个特殊点 $(V'_{CC}, 0)$ 和 $\left(0, \dfrac{V'_{CC}}{R'_c}\right)$ 在输出特性曲线上作出对应的直线（图 5-15），确定出静态工作点 Q_2（$U_{CEQ} = 3V$，$I_{CQ} = 2mA$）。

最大不失真输出电压峰值约为 $2.3V$，有效值为 $1.63V$。

(2) 用等效电路法进行动态分析时的技巧

等效电路法的基本思想是将非线性的晶体管线性化，即在一定条件下用线性电路来等效晶体管，然后用分析一般线性电路的方法来分析放大电路。由于各种放大电路的结构特点不同，所以其微变等效电路图的画法变化较大，如何较好地掌握这种重要的分析方法呢？是否存在一个比较规律性的原则可以将各种放大电路的微变等效电路图进行统一呢？动态分析的原则和技巧：**画微变等效电路图时，要牢记中间突破、两边延伸的原则，"中间"指的是晶体管本身的动态模型，"两边"指的是输入回路和输出回路**。下面结合共集放大电路的例子（见图 5-16a）来进一步解释这种方法。

具体画法：首先必须清楚晶体管简化以后的 h 参数等效模型，即 b-e 之间是电阻 r_{be}，c-e 之间是受控电流源 βI_b，确定三个电极 b、c、e 的位置后，将电阻 r_{be} 和受控电流源 βI_b 画在相应的电极之间，标好各个电流量，得到图 5-16b。然后根据共集放大电路的结构将微变等效图向下延伸，集电极 c 应该交流接地，而后确定发射极电阻 R_E 的位置，在 e 极和地之间，得到图 5-16c。最后由输入回路和输出回路完成电阻 R_B、R_L 的画法，R_B 在 b 极和地之间（直流电源交流接地），R_L 在 e 极和地之间，得到图 5-16d，标出输入电压和输出电压，至此共集放大电路完整的微变等效电路图就画完了。

接下来分析动态性能指标：电压放大倍数、输入电阻和输出电阻。这里需要注意的是，**流过发射极电阻 R_E 的电流并不是 I_e，R_E 和 R_L 并联以后的总电流才是发射极电流 I_e**，因此

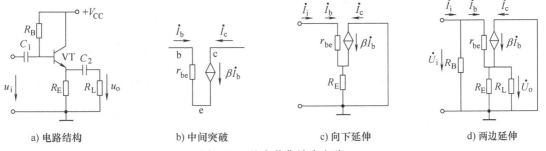

a) 电路结构　　　　b) 中间突破　　　　c) 向下延伸　　　　d) 两边延伸

图 5-16　基本共集放大电路

输出电压的表达式为

$$\dot{U}_o = \dot{I}_e R'_L = (1+\beta)\dot{I}_b R'_L \tag{5-7}$$

式中

$$R'_L = R_E \mathbin{/\mkern-6mu/} R_L$$

输入电压的表达式应该选择基极电流 I_b 所流过的支路，即图 5-16d 中电阻 r_{be} 所在的支路，而不是选择电阻 R_B 所在的支路，则

$$\dot{U}_i = \dot{I}_b r_{be} + \dot{I}_e R'_L = \dot{I}_b r_{be} + (1+\beta)\dot{I}_b R'_L \tag{5-8}$$

这里可以看出共集放大电路的输入电压中包括了输出电压，所以电压放大倍数小于 1，即

$$A_u = \frac{\dot{U}_o}{\dot{U}_i} = \frac{(1+\beta)\dot{I}_b R'_L}{\dot{I}_b r_{be} + (1+\beta)\dot{I}_b R'_L} = \frac{(1+\beta)R'_L}{r_{be} + (1+\beta)R'_L} \tag{5-9}$$

由此可见，共集放大电路并没有放大电压量，而是输出电压近似跟随输入电压，那是不是共集放大电路就没有放大能力呢？不是，因为输出电流是发射极电流 I_e，电流得到了放大，所以电路还是有放大能力的。

3. 几种基本放大电路的比较和总结

（1）电路结构的特点

由于放大电路的输入端和输出端共有四个端子，而晶体管只有三个电极，所以其中必然有一个电极是作为输入端和输出端的"公共端"。根据输入与输出公共端所接晶体管的电极不同，基本放大电路有共发射极、共集电极和共基极三种基本连接方式。尽管放大电路的具体结构可以"千变万化"，但是电路的基本组态都是基于这三种。三种基本放大电路的输入与输出电极接法见表 5-4。从表中可以看出，**基极和发射极都可以作为输入电极，三种接法中只有共集放大电路，集电极是作为了公共端，不可能再成为输出电极，而其他的接法中输出电极都是集电极**。这些放大电路结构特点的说明：在晶体管的电流控制作用中，集电极电流是从属于基极电流的，基极与集电极的这种"控制"与"被控制"的关系决定了集电极只能作为输出电极或者交流公共端，不能成为输入电极，这也说明了晶体管的电流控制作用是不可逆的。

表 5-4 三种基本放大电路输入与输出电极的接法

基本电路的接法	共射放大电路	共集放大电路	共基放大电路
输入电极	基极 b	基极 b	发射极 e
输出电极	集电极 c	发射极 e	集电极 c
公共端	发射极 e	集电极 c	基极 b

（2）静态分析的思路不同

对于几种基本放大电路，它们 Q 点分析的思路不尽相同，需要根据各自电路的结构特点依次求解出 I_{BQ}、I_{CQ} 和 U_{CEQ}，表 5-5 总结了四种常见放大电路静态分析的求解思路。

第 5 章 模拟电子技术从理论到实践的关键性认识

表 5-5 四种基本放大电路静态分析思路对比

项目	基本共射放大电路	射极分压式偏置电路	基本共集放大电路	基本共基放大电路
电路结构图	(电路图)	(电路图)	(电路图)	(电路图)
直流通路	(电路图)	(电路图)	(电路图)	(电路图)
Q点求解思路	求解顺序 I_{BQ}, I_{CQ}, U_{CEQ} $I_{BQ} = \dfrac{V_{CC} - U_{BEQ}}{R_b}$ $I_{CQ} = \beta I_{BQ}$ $U_{CEQ} = V_{CC} - I_{CQ}R_c$	求解顺序 U_{BQ}, I_{EQ}, I_{BQ}, U_{CEQ} $U_{BQ} \approx \dfrac{R_{b1}}{R_{b1}+R_{b2}}V_{CC}$ $I_{EQ} = \dfrac{U_{BQ} - U_{BEQ}}{R_e}$ $I_{BQ} = \dfrac{I_{EQ}}{1+\beta}$ $U_{CEQ} = V_{CC} - I_{CQ}R_c - I_{EQ}R_e$	求解顺序 I_{BQ}, I_{EQ}, U_{CEQ} $I_{BQ} = \dfrac{V_{BB} - U_{BEQ}}{R_b + (1+\beta)R_e}$ $I_{EQ} = (1+\beta)I_{BQ}$ $U_{CEQ} = V_{CC} - I_{EQ}R_e$	求解顺序 I_{EQ}, I_{BQ}, U_{CEQ} $I_{EQ} = \dfrac{V_{BB} - U_{BEQ}}{R_e}$ $I_{BQ} = \dfrac{I_{EQ}}{1+\beta}$ $U_{CEQ} = U_{CQ} - U_{EQ}$ $= V_{CC} - I_{CQ}R_c + U_{BEQ}$

由表 5-5 可以看出，放大电路的结构不同，静态分析的时候各个电流量求解的顺序是不同的，电压 U_{CEQ} 的表达式也是略有差异的。

（3）几种放大电路动态分析时的电阻归算

三种基本放大电路在进行动态分析时，除了电压放大倍数的差异，一个很重要的基本概念需要引起特别的重视，那就是关于电阻的归算。为了更快捷地求取放大电路的输入与输出电阻，模拟电子技术中引入了"电阻归算或电阻折算"的方法。下面结合具体的放大电路来介绍电阻折算的概念以及需要注意的折算方向。

1）共集放大电路：如图 5-17 所示，先求输入电阻 R_i，根据输入电阻的定义 $R_i = \dot{U}_i / \dot{I}_i$，由于

$$\dot{U}_i = \dot{I}_b(r_{be} + R_b) + \dot{I}_e R_e \tag{5-10}$$

则

$$R_i = \frac{\dot{U}_i}{\dot{I}_i} = r_{be} + R_b + (1+\beta)R_e \tag{5-11}$$

其中，R_e 必须要进行电阻的折算，即乘以 $(1+\beta)$。如何更好地理解电阻的折算并利用这个

概念方便地求解输入与输出电阻呢?可以从电路的结构和基本的串、并联电路特点来分析。从基本共集放大电路与微变等效电路图5-17中的电路结构可以看出,R_b、r_{be}和R_e是"串联"在一起的,依据基本的串联电路特点,流过R_b、r_{be}和R_e的电流应该是相等的,但事实上两个电流是不同的。如果将发射极的电流也折合为基极电流,那么R_b、r_{be}和R_e就可以"被认为"是流过相同的电流了,这两部分的电阻就可以直接相加了。即把$\dot{I}_b(r_{be}+R_b)$和$(1+\beta)\dot{I}_bR_e$理解为$\dot{I}_b(r_{be}+R_b)$和$\dot{I}_b(1+\beta)R_e$,因为流过的电流都看作是基极电流$\dot{I}_b$,所以两部分电阻$(r_{be}+R_b)$和$(1+\beta)R_e$可以直接相加。

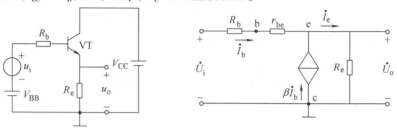

a) 基本共集放大电路　　　　　　　　b) 微变等效电路

图 5-17　基本共集放大电路与微变等效电路

下面求输出电阻R_o,根据定义用加压求流法,将信号源短接,负载开路,输出端加外接电压$\dot{U}_o$,得到相应的电流$\dot{I}_o$。此时对应的微变等效电路如图5-18所示。

电流$\dot{I}_o$的表达式为

$$\dot{I}_o = \dot{I}_e + \dot{I}_{R_e} = \dot{I}_b + \beta\dot{I}_b + \dot{I}_{R_e}$$

$$= \frac{\dot{U}_o}{r_{be}+R_b} + \beta\frac{\dot{U}_o}{r_{be}+R_b} + \frac{\dot{U}_o}{R_e} \quad (5-12)$$

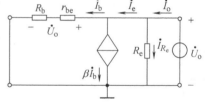

图 5-18　微变等效电路

输出电阻的定义为

$$R_o = \frac{\dot{U}_o}{\dot{I}_o} = 1\bigg/\left(\frac{1+\beta}{r_{be}+R_b}+\frac{1}{R_e}\right) = R_e \mathbin{/\mkern-5mu/} \frac{r_{be}+R_b}{1+\beta} \quad (5-13)$$

共集放大电路求解输出电阻时,也可以这样分解电路,如图5-19所示。

输出电阻$R_o = R_o' \mathbin{/\mkern-5mu/} R_e$,$R_o' = \dfrac{\dot{U}_o}{\dot{I}_e}$,很显然$R_o'$是以发射极电流$\dot{I}_e$为基准的,所以左边的等效电阻$r_{be}+R_b$应该除以$1+\beta$,得到

$$R_o' = \frac{\dot{U}_o}{\dot{I}_e} = \frac{r_{be}+R_b}{1+\beta} \quad (5-14)$$

则输出电阻为

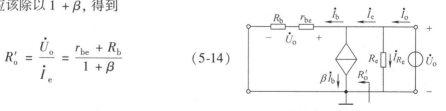

图 5-19　共集放大电路(求解输出电阻)

$$R_o = R_o' \mathbin{/\mkern-6mu/} R_e = R_e \mathbin{/\mkern-6mu/} \frac{r_{be} + R_b}{1 + \beta} \tag{5-15}$$

2）共基放大电路：下面就根据上面介绍的电阻折算概念来求解共基放大电路的输入电阻，先画出此时的基本共基放大电路与微变等效电路图，如图 5-20 所示。

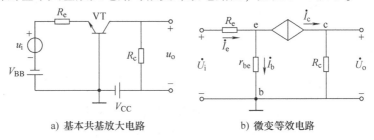

图 5-20　基本共基放大电路与微变等效电路

输入电阻 $R_i = \dfrac{\dot{U}_i}{\dot{I}_e}$，是以发射极电流为基准的，所以要对电阻 r_{be} 进行电阻的折算，即

$$R_i = R_e + \frac{r_{be}}{1 + \beta} \tag{5-16}$$

由上述分析可以看出，如果引入了电阻折算的概念，以后在分析放大电路输入电阻和输出电阻时就不必每次都要根据定义来求解，而可以根据电路的结构和电阻折算的概念更快捷地求取。

5.4　从精确的理论求解到估算的工程思维

在前面分析模拟电路中，影响电路工作状态的因素往往很复杂，加之电子器件的特性和参数的分散性较大，因此在对电路进行分析计算时要从实际出发，抓主要矛盾，用工程的观点进行估算，以达到事半功倍的效果。然而长期以来学生一直接受的学习观念是，求解问题要求逻辑上的严密和数学上的精确，但在模拟电路中这种惯性思维却往往成为解题的障碍，它使问题复杂化甚至无从下手。学生初学模拟电子技术时脑中还没有建立工程概念，所以从精确、严谨到粗略、估算需要慢慢扭转思维习惯。

5.4.1　培养工程化的观点

模拟电路的求解中，很多地方用到近似估算。例如，微变等效电路法就是在小信号的条件下将含有晶体管的非线性电路等效成线性电路，但实质上即使在小范围内，晶体管的输入与输出特性曲线也是非线性的，所以等效成线性只是一种近似。这种近似的估算是典型的将问题工程化的观点。因为工程思维中关注的是效果、操作性等更实际的问题。例如，对于射极分压式偏置放大电路，如图 5-21 所示，在求解静态工作点 Q 时其直流通路如图 5-22 所示，由于分支电流 $I_{BQ} \ll I_2$，故可以将两只分压电阻 R_{b1}、R_{b2} 近似看成串联，因此基极电位 U_{BQ} 估算为两电阻对 V_{CC} 分压后 R_{b1} 上的电压。虽然用戴维南定理也可以精确地求出 U_{BQ}，但推算过程烦琐，而近似方法既简便快捷又基本上不影响结果的正确性。

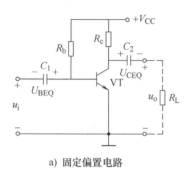
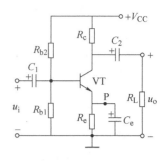

a) 固定偏置电路   b) 射极分压式偏置电路

图 5-21   固定偏置电路与射极分压式偏置电路

模拟电子技术中工程化的典型例子：负反馈电路的分析计算，这部分内容是模拟电路中的一大难点，过多复杂的数学推算往往掩盖了问题的本质，甚至难以求得其解。因为在深度负反馈的条件下 $A_f \gg 1$，故电压放大倍数的求解可近似为 $A_f \approx 1/F$，利用该式求解，非常简洁方便，直达问题核心。当然类似的近似估算在模拟电路的分析中比比皆是，通过这些例子可以更好地理解近似和忽略不仅使计算简化，更重要的是其结果依然能够较好地与实际相符。这种工程化观点的培养对学习电子技术领域的专业知识是非常重要的。下面是模拟电子技术中比较经典的近似估算实例，包括静态工作点 Q 电路、深度负反馈放大电路（见 5.6 节）的分析，了解近似估算与精确求解之间的比较可以有助于直观、深刻地理解估算的意义。

5.4.2   静态 Q 点稳定电路分析中隐含的认知规律、近似估算和工程思维方法

根据对基本共射放大电路的动态分析可以知道：静态工作点 Q 虽然是直流量，但它通过晶体管的动态电阻 $r_{be}\left[r_{be} \approx r'_{bb} + (1+\beta)\dfrac{U_T}{I_{EQ}}，这个电阻和 I_{EQ} 即 Q 点有关\right]$ 影响了放大电路的电压放大倍数、输入电阻（这两个参数都与 r_{be} 有关），通过 U_{CEQ} 影响了放大电路的最大不失真输出电压等动态参数。所以，这不仅说明合理的静态是放大电路动态放大的前提，而且 Q 点的稳定对放大电路保证正常线性地放大至关重要。下面以静态工作点 Q 稳定电路为例，介绍模拟电子技术中近似估算的方法以及在解决 Q 点稳定问题时使用的工程思维方式。

1. 静态 Q 点稳定电路的结构特点

首先来看这个电路与固定偏置电路在结构上的区别，如图 5-21 所示。对比两个基本放大电路中的元器件，图 5-21b 中的 Q 点稳定电路增加了两个电阻 R_{b1} 和 R_e，其中 R_{b1} 的存在保证了放大电路中基极电位 U_B 近似不变，发射极电阻 R_e 引入了直流负反馈，起到稳定 Q 点的作用。电子技术中通常遵循"结构决定性能"的原则，因此射极分压式偏置电路结构上的这两个改变正是为了创造稳定 Q 点的条件。下面通过分析这个电路稳定 Q 点的原理来看条件是如何应用的。

电路稳定 Q 点的原理：

$$T\uparrow \longrightarrow I_C\uparrow \longrightarrow U_E\uparrow \longrightarrow U_{BE}\downarrow$$
$$I_C\downarrow \longleftarrow I_B\downarrow \longleftarrow$$

外界环境温度升高，晶体管的集电极电流增大，由此发射极电流增大，发射极电阻两端压降随之升高，即 U_E 增大。因为 B 点的电位固定，所以晶体管的输入电压 $U_{BE} = U_B - U_E$ 减小。根据晶体管的输入特性曲线可以知道：输入电压减小，基极电流就会减小，所以集电极电流也就减小了。在整个 Q 点稳定的过程中，发射极电阻介于输入和输出回路中间，它"携带"着输出电流 I_C（$I_E\uparrow$）的变化。通过 $U_E\uparrow$ 转换为对输入电压 $U_{BE}\downarrow$ 的影响，从而起到稳定 Q 点 $I_C\downarrow$。上述分析中 U_{BQ} 的电位固定和发射极电阻 R_e 的直流负反馈作用对稳定 Q 点来说，两者缺一不可。

2. 电路中估算的重要性

前面已经提到固定偏置电路和射极分压式偏置电路在进行静态工作点 Q 分析时，其求解顺序有所不同。除此之外，对于射极分压式偏置电路，求解静态工作点时由于分支电流 $I_{BQ} \ll I_2$，故可以将两只分压电阻 R_{b1}、R_{b2} 近似看成串联，因此基极电位 U_{BQ} 估算为两电阻对 V_{CC} 分压后 R_{b1} 上的电压。虽然用节点电流方程也可以精确地求出 U_{BQ}，但推算过程烦琐，而近似方法既简便快捷又基本上不影响结果的正确性。下面通过具体比较来说明放大电路中估算的重要性。

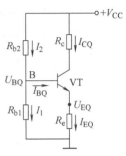

图 5-22 直流通路电路

画出射极分压式偏置电路的直流通路，如图 5-22 所示。已知电路的参数如下：

$$R_{b1} = 2.5\text{k}\Omega, R_{b2} = 7.5\text{k}\Omega, R_c = 2\text{k}\Omega, R_e = 1\text{k}\Omega, V_{CC} = 12\text{V}, \beta = 30$$

对图 5-22 所示的直流通路列出下面的方程组：

$$\begin{cases} \dfrac{V_{CC} - U_{BQ}}{R_{b2}} = I_{BQ} + \dfrac{U_{BQ}}{R_{b1}} \\ \dfrac{U_{BQ} - U_{BEQ}}{R_e} = (1+\beta)I_{BQ} \end{cases} \quad (5\text{-}17)$$

代入参数进行精确求解，$U_{BQ} = 30I_{BQ} + 0.7$，求出 $I_{BQ} = 72.16\mu\text{A}$，$U_{BQ} = 2.86\text{V}$。

如果利用 $I_2 \gg I_{BQ}$，R_{b1} 和 R_{b2} 看作近似串联关系，直接按照分压公式依次解出

$$U_{BQ} \approx \dfrac{R_{b1}}{R_{b1} + R_{b2}} V_{CC} = 3\text{V}, \quad I_{EQ} = \dfrac{3 - 0.7}{R_e} = 2.3\text{mA}, \quad I_{BQ} = \dfrac{I_{EQ}}{1+\beta} \approx 74\mu\text{A} \quad (5\text{-}18)$$

对比两种方法求解出的基极电流只相差不到 $2\mu\text{A}$，B 点电位只相差 0.14V。很显然，后者的近似估算方法并没有影响到计算结果的正确性，但是却简单快捷，这就是工程化中估算的重要性。

3. 射极分压式偏置电路中的工程思维

俗语说得好："以毒攻毒"，而射极分压式偏置电路正是应用了工程中常见的以"变化"应"变化"的补偿思路来解决 Q 点稳定的问题，即温度引起 Q 点的变化，电路采用直流负反馈把这种变化"返回去"影响输入电压，从而使得 Q 点朝着相反的方向变化，保证了 Q 点的基本不变。同样是在这种工程思维的"指引"下，可以通过其他途径实现补偿的目的。例如，利用热敏电阻和二极管的正向特性以及热敏电阻和二极管的反向特性分别可以实现用温度补偿的方法来稳定 Q 点，如图 5-23 所示。这也是一种以"变化"应"变化"的思路，只是具体实现和采用的电路不同。

4. 分析 Q 点稳定电路隐含的认知规律

对于这个电路的提出和引入，应该遵循下面的认知分析规律，见表5-6。客观上的不稳定带来什么样的后果？（看到现象）——是什么样的原因使它不稳定的？（分析问题）——怎么稳定它？（解决问题）——在稳定的过程中会不会遇到新的问题呢？（螺旋式的过程：新问题——再分析——再解决）

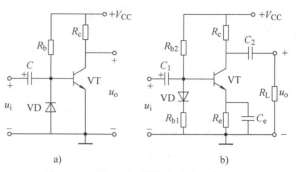

图 5-23 利用二极管特性稳定 Q 点电路

表 5-6　Q 点稳定电路隐含的认知规律

问题	分析依据	结论
Q 点客观上的不稳定会带来什么样的后果？	放大电路的哪些参数中包含了 Q 点？	Q 点影响了放大电路的电压放大倍数、输入电阻、最大不失真输出电压等重要参数
是什么样的原因使它不稳定的？	根据 Q 点的表达式分析它与哪些因素有关？	I_{BQ} 与电源电压的波动、电阻的老化以及温度有关；影响最大的是温度
怎么稳定它？	以"变化"应"变化"的工程思维方法	基极电位固定的必要性；直流负反馈的引入
稳定的过程中会不会遇到新的问题呢？	新问题：发射极电阻的引入降低了电路的电压放大倍数	在发射极电阻两端并联旁路电容，这样发射极电阻既能稳定 Q 点又不影响电压放大倍数

通过对射极分压式偏置电路的分析，可以了解到这样一个认知的过程：能够正确地对电路进行静态和动态的分析只是学习的第一步。除此之外，还应该注意领悟和挖掘电路背后蕴含的方法和思路。由此才能真正理解隐含在知识获得过程中最深层的本质问题，即电子技术科学的发展就是一个提出问题、解决问题、引出新问题、又解决新问题的过程，这是一个寻找缺陷弥补不足、螺旋式上升的过程。

5.5　解惑放大电路的频率特性

5.5.1　频率失真（线性失真）

在放大电路中，由于耦合电容、旁路电容及晶体管结电容等电抗元件的影响，当输入信号频率过低或者过高时，不仅放大电路的电压放大倍数减小，而且输出电压还会产生附加相移，这样输出信号的波形就会产生失真（幅频失真或相频失真）。这种失真现象说明放大电路对不同频率信号有不同的传输特性，这就是放大电路的频率响应。

放大电路的上述失真也称为线性失真，它和先前提到的非线性失真虽然都会使输出信号发生畸变，但两者产生的原因和结果却不同。

1) 原因不同：线性失真由电路中的线性电抗元件（如电容等）引起；非线性失真由电路中的非线性元件（晶体管或场效应晶体管的非线性等）引起。

2）结果不同：线性失真只会使各频率分量信号的幅值比例关系和时间关系（表现为相位偏移）发生变化，但不产生输入信号中所没有的新的频率分量信号；而非线性失真会产生输入信号中所没有的新的频率分量信号。

为了更好地理解幅频失真和相频失真，下面具体说明这种线性失真是如何产生的？

在模拟电子技术中，各种待放大的信号都不是单一频率信号，而是由许多不同频率分量组成的占据一定频率范围的复杂信号。要想不失真地放大这些多频率成分信号，就要求放大电路对信号中的每一个频率成分都能基本均匀放大，否则放大电路输出信号就会失真。

假设待放大的输入信号 u_i 是由如图 5-24a 虚线所示的基波（ω_1）和三次谐波（$3\omega_1$）两个频率分量组成的，两个分量合成以后的信号波形如图 5-24a 实线所示。由于放大电路中电抗元件的存在，若放大电路对三次谐波的电压放大倍数小于对基波的电压放大倍数，那么放大后的信号中基波和三次谐波两个频率分量的大小比例将不同于输入信号，这样放大电路的输出信号将出现失真，频率失真波形如图 5-24b 实线所示。这种由于放大电路对不同频率成分放大倍数大小不同引起的失真称为幅频失真。

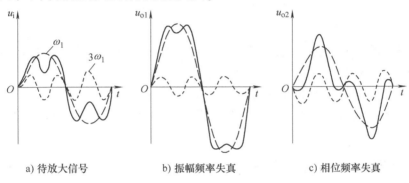

a) 待放大信号　　b) 振幅频率失真　　c) 相位频率失真

图 5-24　频率失真波形图

同样地，若各频率成分经放大后，相位变化不一致，也会引起信号的失真。图 5-24c 中实线表示出了三次谐波成分相位变化不一致引起失真后的波形，这种失真称为相频失真。

下面要分析的主要内容：具体放大电路中的电抗元件是如何影响放大电路的频率特性的？不同类型的电容元件对放大电路的影响是不同的，其中主要以耦合电容、旁路电容和PN 结极间电容影响最大，这些影响可以简单归纳在表 5-7 中。

表 5-7　电容元件在各个频段内的作用

$X_C = 1/(j\omega C)$	低频	中频	高频
耦合电容 旁路电容	频率降低，耦合电容和旁路电容的容抗变大，不能视为短路，必须考虑它们对信号的分压作用（耦合电容）和放大倍数的影响（旁路电容）	由于电容值较大，所以容抗很小，可视为短路	频率升高，耦合电容和旁路电容的容抗减小，更可视为短路
结电容	频率降低，结电容的容抗增大，更可视为开路	由于结电容很小，所以容抗很大，可视为开路	频率升高，结电容的容抗减小，不能视为开路，必须考虑它的分流作用

由表 5-7 的分析可以得出：放大电路低频区电压放大倍数减小的原因是耦合电容和发射极（或源极）旁路电容随频率降低其容抗变大，耦合电容的分压作用不可忽视，旁路电容对放大倍数的衰减作用不可忽略，导致放大电路净输入电压（加在基极—发射极或栅源极间的电压）和输出电压减小所致。放大电路高频区放大倍数减小的原因是晶体管（或场效应晶体管）极间电容随频率升高其容抗变小，其分流作用不可忽略，导致放大电路净输入电压和输出电压减小所致。

综上所述，讨论放大电路低频区频率特性时，需要考虑耦合电容和发射极旁路电容的影响；讨论放大电路高频区频率特性时，需要考虑晶体管极间电容的影响；讨论中频区频率特性时，耦合电容、发射极旁路电容和晶体管极间电容的影响均可忽略。由此也可以得出以下结论：

1）直接耦合放大电路因为不包含耦合电容和旁路电容，所以低频特性好。
2）阻容耦合放大电路中的耦合电容和旁路电容越多，低频性能越差，下限截止频率越高。
3）放大电路的级数越多，上限频率越低，通频带越窄。
4）放大电路中任何一个电容所确定的截止频率表达式均为

$$f_L(f_H) = \frac{1}{2\pi\tau}$$

式中，τ 为该电容所在回路的时间常数。因而判断截止频率的高低实质上就是判断电容所在回路等效电阻的大小。

对于阻容耦合基本放大电路低频特性和高频特性的分析，最终可以等效为 RC 高通电路和 RC 低通电路频率特性的分析，所以首先了解这两种 RC 电路的频率特性和它们之间的相互关系就显得很重要。

5.5.2 RC 低通和 RC 高通电路的对偶关系

对于信号频率具有选择性的电路称为滤波电路。其作用是允许一定频率范围内的信号顺利通过，而阻止或滤除其他频率范围的信号。滤波电路在通信、电子信息、仪器仪表等领域中有着广泛的应用，通常可以分为无源滤波和有源滤波两大类。RC 低通和 RC 高通电路属于无源滤波电路，两者在结构上具有对偶关系，即 RC 低通电路中将电阻 R 和电容 C 的位置互换，就得到了 RC 高通电路。分析这两种电路的频率特性还可以清楚地了解两者在幅频特性上也具有对偶关系，见表 5-8。

表 5-8　RC 低通和 RC 高通电路的对偶关系

对偶关系	RC 高通电路	RC 低通电路
电路结构：RC 低通电路中电阻 R 和电容 C 的位置互换就得到了高通电路	（C 串联，R 并联输出）	（R 串联，C 并联输出）
频率响应：RC 低通电路频率特性中的 $j\omega RC$ 用 $\frac{1}{j\omega RC}$ 替换就得到了高通电路的频率特性	$\dot{A}_u = \dfrac{1}{1 + \dfrac{1}{j\omega RC}}$	$\dot{A}_u = \dfrac{1}{1 + j\omega RC}$

第 5 章 模拟电子技术从理论到实践的关键性认识

(续)

对偶关系	RC 高通电路	RC 低通电路
截止频率：两者的表达式是一致的；电阻 R 是从电容两端看进去的等效电阻	$f_L = \dfrac{1}{2\pi RC}$	$f_H = \dfrac{1}{2\pi RC}$
幅频特性：若 $f_L = f_H = f_P$，则两者的幅频特性以 $f = f_P$ 为对称直线，二者随频率的变化是相反的	高通幅频特性曲线（0.707 处对应 f_L）	低通幅频特性曲线（0.707 处对应 f_H）

有了上述关于放大电路频率特性的定性分析，学生可以从较宏观的角度深刻理解频率响应的实质、来源以及处理方法，对于后续定量分析放大电路频率特性的计算有很好的指引作用。

5.5.3 分析单管放大电路频率响应中蕴含的基本方法和思想

分析基本共射放大电路的频率响应是遵循先分解后合成的基本思想，即把频率范围分解为低频、中频和高频三个频段，根据各频段的特点分别将电路简化，得到三频段的频率响应，然后再综合起来，得到整个电路的频率响应。这种方法可以很好地将一个复杂的问题分解为分频段下的简单问题（RC 高通和 RC 低通电路频率响应的分析）。整理总结基本共射放大电路频率响应的分析过程，见表 5-9。

表 5-9 基本共射放大电路频率响应的分析思路和过程

思路和问题	分析过程
先将复杂问题分解	将电路的频率范围分为三个频段
不同频段下的电容元件是怎样影响放大电路频率响应的？	分别考虑耦合电容、旁路电容和 PN 结电容在三个频段下的容抗变化，以此来选择它对电路的等效作用
低频小信号 h 参数等效模型可以用在高频情况下吗？	由于 PN 结电容在高频情况下的分流作用不可忽视，所以需要建立新的晶体管等效模型——高频下的混合 π 模型
为什么混合 π 模型中集电极电流的表示不再是 $\beta \dot{I}_b$，而是 $g_m \dot{U}_{b'e}$	因为在高频时 PN 结电容的分流作用，电流放大倍数 β 不再是稳定的常数，而是成为频率的函数，所以必须新引入一个控制参数 $g_m \dot{U}_{b'e}$
不同频段下的频率响应如何分析？	中频时电容作用忽略不计；低频时等效为 RC 高通电路；高频时等效为 RC 低通电路
分解之后需要再重新回到整体	低频和高频下的电压放大倍数需要变换，向中频时的电压放大倍数表达式接近

基本共射放大电路频率响应分析中所蕴含的基本思想——对复杂问题先进行分解，将子问题分别解决后再综合回到最初的整体任务，是学生在学习放大电路频率响应背后需要深入挖掘的方法。

5.6 放大电路中的负反馈

5.6.1 放大电路为什么要引入负反馈

反馈在模拟电子技术中是普遍存在的，特别是对于放大电路，因为它们在实际工作时往往是不稳定的，性能方面也不能满足要求（例如，带负载能力需要加强、电路的输入电阻不够大等）。要想解决这些问题就必须引入反馈环节，确切地说对于放大电路而言应该引入负反馈。之所以反馈环节可以解决放大电路中的种种问题是因为反馈网络的引入实现了某种程度上闭环控制的功能。根据反馈放大电路的框图（图 5-25）可以简单说明这个控制的过程。理想情况下输出量应该只由输入量决定，但事实上受外界干扰因素的影响，会使输出量在输入量一定时，依然发生变化。所以为了使放大电路在输入量一定时，输出量也保持一定，从而引入反馈——将变化了的输出量引回到输入回路。在输入量与反馈量共同作用下，使输出量保持一定。如果外界的环境使得输出量增大，那么反馈网络把增大了的输出量信息引回到输入端，以反馈量的形式使净输入量减小，从而将输出量"拉回"到输入不变情况下原本应该对应的输出量大小。由于负反馈使得净输入量减小，所以开环和闭环两种状态下后者更不容易产生非线性失真（饱和失真），从而可以看出负反馈的引入很好地抑制和改善了放大电路可能出现的失真问题。

图 5-25 反馈放大电路的框图

5.6.2 反馈网络的组成及特别说明

由反馈放大电路的框图图 5-25 可以知道：反馈网络的输入信号是输出量，这个网络的输出信号是反馈量。由于反馈网络多数情况下是由电阻和电容这些线性的元件组成的，所以反馈量和输出量之间是线性的比例关系（两者的比值称为反馈系数）。加上在交流通路中电容可以近似等效为短接，这个比例关系就是由电阻元件的参数决定的，其电阻值相比非线性的放大元件不容易受到温度的影响，因此反馈系数是线性而又稳定的这一特点为深度负反馈条件下放大倍数的估算奠定了非常好的基础。

下面结合具体的电路（见图 5-26），对反馈网络这一环节做特别的解释和说明。

在图 5-26 所示的放大电路里，反馈网络应该是由电阻 R_1 和 R_2 组成的，其中**电阻 R_2 是将输出量引回来建立通路的关键元件，但是真正对放大电路净输入产生影响的是电阻 R_1 上的压降**，所以两个电阻的"分工"作用很明显，缺一不可。

关于负反馈的四种组态，主要也是取决于反馈网络是如何从输出端引出，又是怎样同输入端叠加的。下面的框图（图 5-27）可以较为清晰地反映了反馈网络与输出端及与输入端的关系。

从图 5-27 中可以看出，**反馈网络与输出端是"并联"在一起的，反馈网络将输出电压全部引回到输入端**；反馈

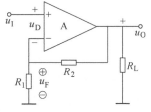

图 5-26 引入负反馈的放大电路

网络与输入端是"串联"在一起的，反馈量自然是以电压叠加的形式来影响净输入量的。反馈网络与输出端、输入端这种整体上的"并联"与"串联"关系非常有助于定性地理解不同组态的负反馈对放大电路性能的影响。例如，图 5-27 中的电压串联负反馈，反馈网络与输出端是"并联"在一起的，所以输出电阻越并越小。电压负反馈使得放大电路的输出电阻减小，而且因为反馈网络是将输出电压的变化引回到输入端，所以电压负反馈将稳定输出电压而不是输出电流。从图 5-27 中可以看出，反馈网络与输入端是"串联"的，输入电阻越串越大，串联负反馈使得放大电路的输入电阻增大。对于其他组态的分析也是类似的。

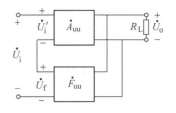

图 5-27 电压串联负反馈框图

5.6.3 深度负反馈条件下放大倍数的估算——典型的工程化案例

模拟电子技术中对负反馈放大电路的分析最后都归结为是深度负反馈条件下的分析，为什么可以这样来近似计算是模电中又一典型的工程化案例。下面结合这个案例做详细的说明。

1. 深度负反馈条件下放大倍数的简化

当反馈深度 $|1 + \dot{A}\dot{F}| \gg 1$ 时，闭环放大倍数为

$$\dot{A}_F = \frac{\dot{X}_o}{\dot{X}_i} = \frac{\dot{A}}{1 + \dot{A}\dot{F}} \approx \frac{\dot{A}}{\dot{A}\dot{F}} = \frac{1}{F} \tag{5-19}$$

即此时的放大倍数基本上近似等于反馈系数的倒数，而与放大电路开环部分的放大倍数 $\dot{A}$ 无关，此时电路引入的反馈称为深度负反馈。由于闭环以后的放大倍数只与线性的反馈网络有关，与包含非线性元件的基本放大电路无关，这样就使得放大倍数的求取变得简单了。而且，即便外界环境温度的变化而导致基本放大电路即开环部分的放大倍数变化了，但是只要反馈系数一定，就能够保证闭环以后的放大倍数稳定，从而更容易从定量上理解闭环以后放大倍数稳定的原因。

那是否实际应用当中的电路都容易满足深度负反馈的条件呢？$|1 + \dot{A}\dot{F}| \gg 1$，即放大电路开环部分的增益要求比较大，而实际中的放大电路，如果是集成运放元件组成的放大电路，其开环放大倍数通常很高；如果是分立元件构成的放大电路，往往也是多级放大电路，也比较容易满足深度负反馈的条件。

由上述分析可以得出：**实际中的放大电路很容易实现深度负反馈的条件，而引入深度负反馈的放大电路，其闭环放大倍数近似简单地等于反馈系数的倒数。这样不仅使得问题简单化了，而且关键是这种近似简化并没有在很大程度上影响放大倍数的分析，因此模电中的这种估算是具有非常重要意义的。**

2. Q 点稳定电路的特别说明

图 5-28 所示为静态工作点 Q 的稳定电路，之前对这个电路进行静态分析时，只是提到 $I_2 \gg I_{BQ}$，所以静态分析的顺序

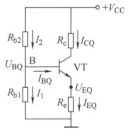

图 5-28 静态工作点 Q 的稳定电路

是 $U_{BQ} \rightarrow I_{EQ} \rightarrow I_{BQ}$。事实上，此时的估算也可以这样理解：近似将发射极电阻 R_e 引入的负反馈看作是深度负反馈，所以净输入量 $I_{BQ} \approx 0$。

5.7 集成运放应用电路整体概念的建立

模拟电子技术课程整个知识构成体系是从局部到整体循序渐进的，它以"分立为基础、集成为重点"逐步展现电子技术的发展和应用。集成运放不仅可以组成许多基本的运算电路、有源滤波器，而且还可以构成各种电压比较器、正弦波振荡电路等多种用途的应用电路。由于这些电路分散在不同章节，显得比较零散，缺乏整体概念。如何建立整体概念呢？可以依据集成运放的工作状态分为线性应用与非线性应用来构建，然后从集成运放处于线性区和非线性区的特点来分析各种应用电路。

准确理解和把握集成运放的应用电路，需要从集成运放的电压传输特性入手，如图5-29所示，集成运放的电压传输特性分为线性区（也称线性放大区）和非线性区（也称饱和区）。

电压传输特性的斜线部分为线性区。在线性区，直线的斜率是集成运放的差模开环电压放大倍数 A_{od}，此时输入和输出之间是

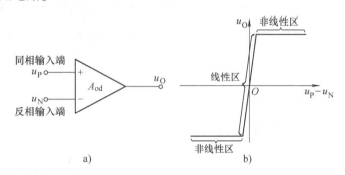

图5-29 集成运放的电压传输特性

线性关系，即 $u_O = A_{od}(u_P - u_N)$。通常 A_{od} 非常高，可达几十至几百万倍，因此集成运放的线性区域非常窄。如果输出电压的最大值 $\pm U_{OM} = \pm 14V$，$A_{od} = 5 \times 10^5$，那么只有当 $|u_P - u_N| < 28\mu V$ 时，电路才工作在线性区；若 $|u_P - u_N| > 28\mu V$，则集成运放就会进入非线性区。

电压传输特性的水平直线部分为非线性区。当集成运放工作在非线性区时，输出电压只有两种情况：$+U_{OM}$ 或 $-U_{OM}$，其数值接近供电电源 $+V_{CC}$。

对于集成运放的各种应用电路，如无特殊要求，均可将集成运放当作理想运放。对于理想集成运放的分析，可以牢记下面两个方面的原则。

1. 理想集成运放工作在线性区时的条件和特点

由于理想运放开环差模电压放大倍数趋于无穷，当其工作在开环状态时，即使两个输入端加无穷小的输入电压，输出电压也会达到饱和值，从而工作在非线性区。因此要使集成运放工作在线性区，其条件是必须引入负反馈，使两个输入端的电压趋于0。用无源网络连接集成运放的输出端和反相输入端是集成运放引入负反馈的电路特征。

此时集成运放的特点：同时满足"虚短路"即 $u_P = u_N$ 和"虚断路"即 $i_P = i_N = 0$。

当运放工作在线性区时，输出电压与输入差模电压成线性关系，即满足

$$u_O = A_{od}(u_P - u_N) \tag{5-20}$$

由于 u_O 为有限值，理想运放 A_{od} 趋于无穷大，所以其差模输入电压 $(u_P - u_N) = 0$，即

$$u_P = u_N \tag{5-21}$$

可见，运放两个输入端好似"短路"了一样，实际上又没有真正短路，所以称为"虚短"。

另外，理想运放差模输入电阻 R_{id} 趋于无穷大，净输入电流为 0，所以两个输入端的输入电流为 0，即

$$i_P = i_N = 0 \tag{5-22}$$

此时运放两个输入端之间好似"断路"一样，实际上又没有真正断路，所以称为"虚断"。

"虚短"和"虚断"是分析集成运放工作在线性区时的两个基本出发点和十分重要的概念。集成运放典型的线性应用就是各种运算电路、有源滤波电路和信号检测电路。此时集成运放的输出电压和输入电压之间的关系基本取决于反馈电路和输入电路的结构与参数，与集成运放本身的参数关系不大。改变输入电路和反馈电路的结构形式，就可以实现不同的运算和信号处理。

2. 理想集成运放工作在非线性区时的条件和特点

若理想运放工作在开环状态，则势必工作在非线性区；若仅引入正反馈，则因其使输出量的变化增大，则集成运放也一定工作在非线性区。因此，集成运放工作在非线性区的条件：电路处于开环或正反馈状态。用无源网络连接集成运放的输出端和同相输入端是引入正反馈的电路特征。此时集成运放的特点：只满足"虚断路"；输出电压只有两个可能的值。

由于理想运放差模输入电阻 R_{id} 趋于无穷大，两个输入端的压差 $(u_P - u_N)$ 总是有限值，所以净输入电流始终为 0，即 $i_P = i_N = 0$。

可见，理想运放工作在非线性区时，"虚断"概念是成立的，"虚短"概念不成立，即净输入电压 $(u_P - u_N) \neq 0$，而是由外部输入信号决定的。

集成运放工作在非线性区的一个显著特点就是输出电压值只有两个可能的状态：$+U_{OM}$ 或 $-U_{OM}$。当 $u_P > u_N$ 时，$u_O = +U_{OM}$；当 $u_P < u_N$ 时，$u_O = -U_{OM}$。

集成运放的非线性应用主要是对信号幅度进行比较，典型的应用电路包括各种电压比较器以及波形发生电路等。

分析集成运放应用电路时，首先应根据有无反馈及反馈的极性（是负反馈还是正反馈）来判断集成运放是工作在线性区还是非线性区，然后再根据不同工作区域的各自特点来求解电路。虽然理想运放与实际运放之间存在一定差别，但误差很小，这种误差在工程上是允许的。因此在无特殊要求时，均可将实际集成运放当作理想运放。

通过比较集成运放外接电路不同，可以组成不同功能的电路，对集成运放各种各样零散的应用电路建立起整体的概念。 集成运放外接电路的类型与集成运放的工作区域之间的关系见表 5-10。

表 5-10 集成运放外接电路类型与集成运放的工作区域之间的对应关系

应用电路名称	外接电路类型	工作区域
基本运算电路	负反馈	线性区
有源滤波电路	正反馈、负反馈	线性区
单限电压比较器	无反馈	非线性区

(续)

应用电路名称	外接电路类型	工作区域
滞回电压比较器	正反馈	非线性区
正弦波振荡电路	正反馈、负反馈	线性区
矩形波发生电路	正反馈、负反馈	非线性区

由表 5-10 的总结可以勾勒出模拟电子技术课程的主要脉络：课程的核心任务——对模拟信号的处理，对模拟信号通常有哪些处理呢？延伸出课程的主要内容——模拟信号的放大、运算、滤波、发生和转换，其中对模拟信号的放大是电子技术的精髓所在，也是其他处理环节的前提和基础。如果把模拟信号的这些处理电路比作是一个个"经典曲目"，那么能够掌握和演绎这些曲目的就是二极管、晶体管、集成运放等这些非线性的"演员"了。和二极管、晶体管相比，集成运放更像是一支"表演团队"，因为它打破了元器件、电路和系统三者之间清晰的界限，当这支表演团队外穿不同的服装（即外接不同的电路结构）时，就可以"上演"那些经典的曲目了。如此看来，模拟电子技术课程根本不是一本枯燥无味的天书，而是一台精彩的晚会，这场演出中的主角是集成运放（台柱子）、晶体管、二极管，配角是电阻、电容等元器件。如果站在欣赏舞台节目的角度去学习模电课程，那么它的"神秘面纱"就不难被揭开了。

附　　录

附录 A　模拟电子技术基本元器件介绍

二极管和晶体管为半导体器件，内部由 PN 结构成。国产半导体器件型号命名方法如图 A-1 所示，型号由五部分组成。型号组成部分的符号及其意义见表 A-1。

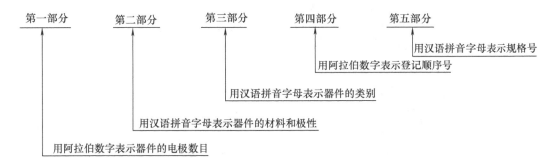

图 A-1　半导体分立器件型号命名方法（国标 GB/T 249—2017）

如图 A-2 所示，前三部分的符号标志：硅 NPN 型高频小功率晶体管，后面四、五部分为此系列的细分种类，详细参数可查半导体手册。

图 A-2　半导体器件标示示例

A.1　晶体二极管

二极管是常用的半导体器件之一，二极管具有单向导电性。当电流从阳极流向阴极时，二极管呈导通状态；反之，当电流企图从阴极流向阳极时，二极管呈截止状态。这个特性使得二极管广泛应用在整流、检波、保护和数字电路上。

1. 二极管的种类

二极管按其组成的材料可分为锗二极管、硅二极管、砷化镓二极管（发光二极管），而按用途分可为整流二极管、稳压二极管、开关二极管、发光二极管、检波二极管、变容二极管等。

2. 二极管的主要参数

常用的整流二极管的参数如下：

表 A-1 半导体器件型号的符号及其意义

第一部分		第二部分		第三部分		第四部分	第五部分
用阿拉伯数字表示器件的电极数目		用汉语拼音字母表示器件的材料和极性		用汉语拼音字母表示器件的类别		用阿拉伯数字表示登记顺序号	用汉语拼音字母表示规格号
符号	意义	符号	意义	符号	意义		
2	二极管	A	N 型,锗材料	P	小信号管		
		B	P 型,锗材料	H	混频管		
		C	N 型,硅材料	V	检波管		
		D	P 型,硅材料	W	电压调整管和电压基准管		
		E	化合物或合金材料	C	变容管		
				Z	整流管		
3	三极管	A	PNP 型,锗材料	L	整流堆		
		B	NPN 型,锗材料	S	隧道管		
		C	PNP 型,硅材料	K	开关管		
		D	NPN 型,硅材料	N	噪声管		
		E	化合物或合金材料	F	限幅管		
				X	低频小功率晶体管 ($f_a < 3\text{MHz}$, $P_C < 1\text{W}$)		
				G	高频小功率晶体管 ($f_a \geq 3\text{MHz}$, $P_C < 1\text{W}$)		
				D	低频大功率晶体管 ($f_a < 3\text{MHz}$, $P_C \geq 1\text{W}$)		
				A	高频大功率晶体管 ($f_a \geq 3\text{MHz}$, $P_C \geq 1\text{W}$)		
				T	闸流管		
				Y	体效应管		
				B	雪崩管		
				J	阶跃恢复管		

1)额定正向工作电流:二极管在正常连续工作时,能通过的最大正向电流值。

2)最高反向工作电压:二极管在正常工作时,所能承受的最高反向电压值。它是击穿电压值的 1/2。

3)最大反向电流:二极管在最高反向工作电压下允许流过的反向电流。此参数反映了二极管单向导电性能的好坏,因此这个电流值越小,表明二极管质量越好。

4)反向击穿电压:二极管上加反向电压时,反向电流会很小。但是当反向电压增大到某一数值时,反向电流将突然增大,这种现象称为击穿。产生击穿时的电压称为反向击穿电压。

5)最高工作频率:二极管在正常工作下的最高频率。如果通过二极管电流的频率大于此值，二极管将不能起到它应有的作用。

3. 常用二极管的电路符号

常用二极管的电路符号如图 A-3 所示。

图 A-3　常用二极管的电路符号

4. 用数字万用表检测二极管好坏

数字万用表有二极管测量档。拨到此档，将万用表的红表笔与二极管的 P 极相接，黑表笔与二极管的 N 极相接，此时二极管导通，万用表屏幕显示二极管的正向导通压降。不同材料的二极管，其正向导通压降不同，硅管为 0.4~0.7V，锗管为 0.150~0.300V。如将万用表的红表笔与二极管的 N 极相接，黑表笔与二极管的 P 极相接，此时二极管截止，万用表屏幕显示数值 "1"，表示截止。

图 A-4　发光二极管引脚实物图

5. 发光二极管的引脚

发光二极管是常用的器件，可根据需求选择不同颜色。它的引脚如图 A-4 所示，短的引脚为负极，长的引脚为正极。

A.2　晶体管

晶体管是双极型晶体管的简称，是常用的半导体器件之一，具有电流放大和开关的作用，是电子电路的核心组件。

1. 晶体管的种类

晶体管主要有 NPN 型和 PNP 型两大类，一般可以从晶体管上标出的型号来识别，见表 A-1。晶体管的种类划分如下：

1）按结构分为有点接触和面接触型。
2）按工作频率分为高频管、低频管、开关管。
3）按功率大小分为大功率、中功率、小功率。
4）从封装形式分为金属封装、塑料封装。

2. 晶体管的主要参数

晶体管的主要参数可分为直流参数、交流参数、极限参数三大类。

1）直流参数：集电极—基极反向电流 I_{cbo}。此值越小说明晶体管温度稳定性越好，一般小功率管约 10μA 左右，硅管更小。集电极—发射极反向电流 I_{ceo}，也称穿透电流。此值越小说明晶体管稳定性越好，过大说明这个管子不宜使用。

2）极限参数：集电极最大允许电流 I_{CM}；集电极最大允许耗散功率 P_{CM}；集电极—发射极反向击穿电压 BV_{ceo}。

3）晶体管的电流放大系数：晶体管的直流放大系数和交流放大系数近似相等，在实际使用时一般不再区分，都用 β 表示，也可用 h_{FE} 表示。

为了能直观地表明晶体管的放大倍数，常在晶体管的外壳上标注不同的色标。锗、硅开关管、高低频小功率管、硅低频大功率管用色标标志见表 A-2。

表 A-2 部分晶体管 β 值色标表示

β 的范围	0~15	15~25	25~40	40~55	55~80	80~120	120~180	180~270	270~400	400~
色标	棕	红	橙	黄	绿	蓝	紫	灰	白	黑

4）特性频率 f_T：晶体管的 β 值随工作频率的升高而下降，晶体管的特性频率 f_T 是当 β 下降到 1 时的频率值。也就是说，在这个频率下的晶体管，已失去放大能力，因此管子的工作频率必须小于管子特性频率的 1/2 以下。

3. 常用晶体管的外形识别

1）小功率晶体管外形电极识别：对于小功率晶体管来说，有金属外壳和塑料外壳封装两种，如图 A-5 所示。金属外壳上通常有一个小凸片，与该小凸片相邻最近的引脚为发射极 e。图 A-5 给出了 3DG6 和 9013 的引脚示意图。

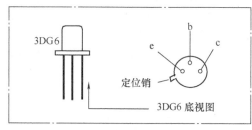

a) 金属外壳封装   b) 塑料外壳封装

图 A-5 小功率晶体管电极识别

2）大功率晶体管外形电极识别：对于大功率晶体管，外形一般分为 F 型和 G 型两种，如图 A-6 所示。F 型管从外形上只能看到两个极，将引脚底面朝上，两个电极引脚置于左侧，上面为 e 极，下为 b 极，底座为 c 极，如图 A-6a 所示。G 型管的三个电极的分布如图 A-6b 所示。

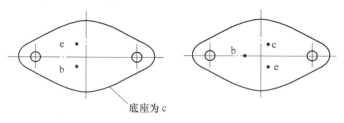

a) F 型大功率晶体管   b) G 型大功率晶体管

图 A-6 大功率晶体管电极识别

4. 用数字万用表判断晶体管好坏及辨别管子 e、b、c 电极

用数字万用表测二极管的档也能检测晶体管的 PN 结，可以很方便地确定晶体管的好坏及类型，但要注意，数字万用表红表笔为内部电池的正端。例如，当把红表笔接在假设的基极上，而将黑表笔先后接到其余两个极上时，如果表显示通（硅管正向压降在 0.7V 左右），则假设的基极是正确的，且被测管子为 NPN 型管。

确定了 b 极后，再用数字万用表测晶体管放大倍数的档（h_{FE}）确定晶体管的 c 极和 e

极。一般数字万用表都有测晶体管放大倍数的档（h_{FE}），使用时，要先确认管子类型，然后将被测管子 e、b、c 三引脚分别插入数字万用表面板对应的晶体管插孔中，可测量出晶体管 h_{FE} 的近似值。在已知 b 极，而 e、c 不确定时，具体操作是，先假设除 b 外的两个引脚为 c 和 e，测量 h_{FE}；然后交换 c 和 e 的引脚，再次测量 h_{FE}。这样得到两个数值，h_{FE} 数值为大时，引脚排布为正确的。

以上介绍的方法是比较简单的测试，要想进一步精确测试可以使用晶体管图示仪，它能十分清楚地显示出晶体管的特性曲线及电流放大倍数等。

附录 B 常用模拟集成电路器件介绍

B.1 集成运算放大器

集成运算放大器是具有差分输入和直接耦合电路的高增益、宽频带的电压放大器。它的成本低，用途广泛。当集成运算放大器外接不同的反馈网络后，能实现多种电路功能，可作为放大器、有源滤波器、振荡器和转换器（如电流/电压转换器、频率/电压转换器等），可实现模拟运算，也可构成非线性电路（如对数转换器、乘法器等）等。

理想集成运算放大器的特性是尽善尽美的，例如，增益无限大、通频带无限大、同相与反相之间以及两输入端与公共端——地之间的输入电阻为无限大、输出阻抗为零、输入失调电压为零、输入失调电流为零、只放大差模信号、能完全抑制共模信号等。

实际使用的集成运算放大器与理想集成运算放大器的特性有一定的差异，但它的发展方向正趋于理想集成运算放大器。它们的差异见表 B-1。

表 B-1 理想集成运算放大器与实际集成运算放大器的比较

特性	理想集成运算放大器	实际集成运算放大器
输入失调电压	0V	0.5~5V
输入失调电流	0A	1nA~10μA
输入失调电压的温漂	0V/℃	1~50μV/℃
输入偏置电流	0A	1nA~100μA
输入电阻	∞Ω	10kΩ~1000MΩ
通频带	∞Hz	10kHz~2MHz
输出电流	为电源的容量	1~30mA
共模抑制比	∞dB	60~120dB
上升时间	0s	10ns~10μs
转移速率	∞V/s	0.1~100V/μs
电压增益	∞dB	10^3~10^6dB
电源电流	0A	0.05~25mA

B.1.1 常用集成运算放大器的类型

集成运算放大器的类型很多，按特性分类有通用型、高精度型、低功耗型、高速型、单电源型和低噪声型等，按构造分类有双极型、结型场效应管输入型、MOS 场效应管输入型和 CMOS 型等。

B.1.2 通用型集成运算放大器 μA741

1. 引脚图及工作参数

集成运算放大器 μA741 的引脚图如图 B-1 所示。

其主要极限参数（最大额定值）如下：

1) 最大电源电压：±18V。
2) 最大差分电压（同相端与反相端之间的输入电压）：±30V。
3) 最大输入电压：±15V。
4) 允许工作温度：0 ~ +70℃。
5) 允许功耗：500mW。
6) 最大输出电压：比电源电压略低，例如，当电源电压提供 ±12V 时，开环时最大输出电压约 ±11V。

图 B-1　μA741 的引脚图

2. μA741 典型电路

μA741 是有零漂调整引脚的运放，典型电路如图 B-2 所示。在调零端 1、5 引脚之间接一个调整失调电压电位器，当接成比例、求和运算电路时，调零电位器用于闭环调零。

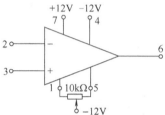

图 B-2　μA741 典型电路

B.2 集成三端稳压器

集成三端稳压器是一种串联调整式稳压器，内部设有过热、过电流和过电压保护电路。它只有三个外引出端（输入端、输出端和公共地端），将整流滤波后的不稳定的直流电压接到集成三端稳压器输入端，经三端稳压器后在输出端得到某一值的稳定的直流电压。

B.2.1 根据输出电压能否调整进行分类

集成三端稳压器的输出电压有固定和可调输出之分。固定输出稳压器的输出电压是由制造厂预先调整好的，输出为固定值。例如，7805 型集成三端稳压器，输出为固定 +5V。

可调输出稳压器的输出电压可通过少数外接元件在较大范围内调整，当调节外接元件值时，可获得所需的输出电压。例如，CW317 型集成三端稳压器，输出电压可以在 1.2 ~ 37V 范围内连续可调。

B.2.2 固定输出稳压器型号分类

1. 根据输出正负电压分类

输出正电压系列（78××），它的电压共分为 5 ~ 24V 7 个档。例如，7805、7806、7809 等，其中字头 78 表示输出电压为正值，后面数字表示输出电压的稳压值。输出电流为 1.5A（带散热器）。

输出负电压系列（79××），它的电压共分为 -24 ~ -5V 7 个档。例如，7905、7906、7912 等，其中字头 79 表示输出电压为负值，后面数字表示输出电压的稳压值。输出电流为 1.5A（带散热器）。

2. 根据输出电流分类

输出为小电流：代号 L。例如，78L××，最大输出电流为0.1A。

输出为中电流：代号 M。例如，78M××，最大输出电流为0.5A。

输出为大电流：代号 S。例如，78S××，最大输出电流为2A。

注意：每个厂家分档符号不一，选购时要注意产品说明书。

B.2.3 固定三端稳压器的外形图及主要参数

固定三端稳压器的封装形式：金属外壳封装（F-2）和塑料封装（S-7）。常见的塑料封装（S-7），其外形图如图B-3所示。几种固定三端稳压器的参数见表B-2。

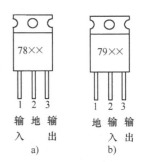

图 B-3 固定三端稳压器的外形图

表 B-2 几种固定三端稳压器的参数（$C_i = 0.33\mu F$，$C_o = 0.1\mu F$，$T_a = 25℃$）

参数	单位	7805	7806	7815
输出电压范围	V	4.8~5.2	5.75~6.25	14.4~15.6
最大输入电压	V	35	35	35
最大输出电流	A	1.5	1.5	1.5
ΔU_o（I_o变化引起）	mV	100 ($I_o = 5mA \sim 1.5A$)	100 ($I_o = 5mA \sim 1.5A$)	150 ($I_o = 5mA \sim 1.5A$)
ΔU_o（U_i变化引起）	mV	50 ($U_i = 7 \sim 25V$)	60 ($U_i = 8 \sim 25V$)	150 ($U_i = 17 \sim 30V$)
ΔU_o（温度变化引起）	mV/℃	±0.6 ($I_o = 500mA$)	±0.7 ($I_o = 500mA$)	±1.8 ($I_o = 500mA$)
器件压降（$U_i - U_o$）	V	2~2.5($I_o = 1A$)	2~2.5($I_o = 1A$)	2~2.5($I_o = 1A$)
偏置电流	mA	6	6	6
输出电阻	mΩ	17	17	19
输出噪声电压（10~100kHz）	μV	40	40	40

B.2.4 固定三端稳压器应用电路

固定三端稳压器常见应用电路如图B-4所示。

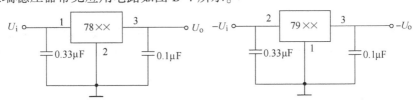

a) 正固定电压输出　　　　　　b) 负固定电压输出

图 B-4 固定三端稳压器应用电路

为了保证稳压性能，使用三端稳压器时，输入电压与输出电压相差至少2V以上，但也不能太大，太大则会增大器件本身的功耗以至于损坏器件。在输入端与公共端之间、输出端与公共端之间分别接了0.33μF和0.1μF左右的电容，可以防止自激振荡。

参 考 文 献

[1] 金凤莲. 模拟电子技术基础实验及课程设计 [M]. 北京：清华大学出版社，2009.
[2] 于卫. 模拟电子技术实验及综合实训教程 [M]. 武汉：华中科技大学出版社，2008.
[3] 张博霞，韩建设. 电子技术基础实验指导 [M]. 北京：北京邮电大学出版社，2011.
[4] 刘蕴络，韩守梅. 电工电子技术实验教程 [M]. 北京：兵器工业出版社，2011.
[5] 徐国华，等. 模拟及数字电子技术实验教程 [M]. 北京：北京航空航天大学出版社，2004.
[6] 谭海曙. 模拟电子技术实验教程 [M]. 北京：北京大学出版社，2008.
[7] 华柏兴，卢葵芳. 模拟电子技术实验 [M]. 杭州：浙江大学出版社，2004.
[8] 邢冰冰，雷岳俊，罗文，等. 电子技术基础实验教程 [M]. 北京：机械工业出版社，2009.
[9] 杨素行. 模拟电子技术基础简明教程 [M]. 2版. 北京：高等教育出版社，1998.
[10] 翟丽芳. 模拟电子技术 [M]. 北京：机械工业出版社，2011.
[11] 吴慎山. 模拟电子技术实验与实践 [M]. 北京：电子工业出版社，2011.
[12] 华成英. 模拟电子技术基础 [M]. 4版. 北京：高等教育出版社，2006.
[13] 华成英. 模拟电子技术习题解答 [M]. 4版. 北京：高等教育出版社，2007.
[14] 刘祖刚. 模拟电路分析与设计基础 [M]. 北京：机械工业出版社，2008.
[15] 毕满清. 电子技术实验与课程设计 [M]. 3版. 北京：机械工业出版社，2006.
[16] 杨欣，王玉凤，刘湘黔. 电子设计从零开始 [M]. 北京：清华大学出版社，2005.
[17] 姚金生，郑小利. 元器件 [M]. 北京：电子工业出版社，2008.
[18] 孙淑艳. 模拟电子技术实验指导 [M]. 北京：中国电力出版社，2009.
[19] Bruce Carter，Ron Mancini. 运算放大器权威指南 [M]. 姚剑清，译. 北京：人民邮电出版社，2010.
[20] 王连英. 基于Multisim 10的电子仿真实验与设计 [M]. 北京：北京邮电大学出版社，2009.
[21] 刘贵栋. 电子电路的Multisim仿真实践 [M]. 哈尔滨：哈尔滨工业大学出版社，2008.
[22] 聂典，丁伟. Multisim 10 计算机仿真在电子电路设计中的应用 [M]. 北京：电子工业出版社，2009.
[23] 陈庭勋. 模拟电子技术实验指导 [M]. 杭州：浙江大学出版社，2009.
[24] 李淑明. 模拟电子电路实验·设计·仿真 [M]. 成都：电子科技大学出版社，2010.
[25] 周淑阁. 模拟电子技术实验教程 [M]. 南京：东南大学出版社，2008.
[26] 金燕，方迎联. 模拟电子技术基础实验 [M]. 北京：中国水利水电出版社，2008.
[27] 崔建明，陈惠英，温卫中. 电路与电子技术的Multisim10.0仿真 [M]. 北京：中国水利水电出版社，2009.
[28] 侯建军. 电子技术基础实验、综合设计实验与课程设计 [M]. 北京：高等教育出版社，2007.
[29] 杨欣，胡文锦，张延强. 实例解读模拟电子技术完全学习与应用 [M]. 北京：电子工业出版社，2013.